思想觀念的帶動者

文化現象的觀察者

本土經驗的整理者

生命故事的關懷者

MentalHealth

黑暗來襲，風暴狂飆，讓生命承載著脆弱與艱辛
猶如汪洋中一塊浮木，飄向無盡混沌迷霧
勇敢接受生命中的不完美，視為珍寶禮物
懷著信心、希望與愛，重燃生命，點亮靈魂！

上網不上癮

給網路族的心靈處方

網路族不等於低頭族、指叉族、脫窗族
享受網路科技，健康迎接數位時代！

臺大醫師到我家
精神健康系列

張立人——著

【總序】

視病如親的具體實踐

高淑芬

我於2009年8月，承接胡海國教授留下的重責大任，擔任臺大醫學院精神科、醫院精神醫學部主任，當時我期許自己每年和本部同仁共同完成一件事，而過去四年已完成兩次國際醫院評鑑（JCI），國內新制醫院評鑑，整理歷屆主任、教授、主治醫師、住院醫師、代訓醫師於會議室的科友牆，近兩年來另一件重要計畫是策劃由本部所有的主治醫師親自以個人的臨床經驗、專業知識，針對特定精神科疾病或主題，撰寫供大眾閱讀的精神健康保健叢書，歷經策劃兩年，逐步付梓，從2013年8月底開始陸續出書，預計2014年底，在三年內完成全系列十七本書。

雖然國內並無最近的精神疾病盛行率資料，但是由世界各國精神疾病的盛行率（約10～50%）看來，目前各種精神疾病的盛行率相當高，也反映出維持精神健康的醫療需求量和目前所能提供的資源是有落差。隨著全球經濟不景氣，臺灣遭受內外主客觀環境的壓力，不僅個人身心狀況變差、與人互動不良，對事情的解讀較為負面，即使沒有嚴重到發展為精神疾病，但其思考、情緒、行為的問題，可能已達到需要尋求心理諮商的程度。因此，在忙碌競爭的現代生活，以及有限的資源之下，這一系列由臨床經驗豐富的精神科醫師主筆的專書，就像在診間、心理諮商或治療時，可以提供國人正確的知識及自助助人的技巧，以減少在徬徨無助的時候，漫無目的地瀏覽網頁、尋求偏方，徒增困擾，並可因個人問題不同，而選擇不同主題的書籍。

即使是規律接受治療的病人或家屬，受到看診的時間、場合限制，或是無法記得診療內容，當感到無助灰心時，這一【臺大醫師到我家・精神健康系列】叢書，就像聽到自己的醫師親自告訴你為什麼你會有困擾、你該怎麼辦？透過淺顯易懂的文字，轉化成字字句句關心叮嚀的話語，陪伴你度過害怕不安的時候，這一系列易讀好看的叢書，不僅可以解除你的困惑，更如同醫師隨時隨地溫馨的叮嚀與陪伴。

此系列叢書最大的特色是國內第一次全部由臺大主治醫師主筆，不同於坊間常見的翻譯書籍，不僅涵蓋主要的精神疾病，包括自閉症、注意力不足過動症、早期的精神分裂症、焦慮症、失智症、社交焦慮症，也討論現代社會關心的主題，例如網路成癮、失眠、自殺、飲食、兒童的情緒問題，最後更包括一些新穎的主題，例如親子關係、不想上學、司法鑑定、壓力處理、精神醫學與遺傳基因。本系列叢書也突顯臺大醫療團隊的共同價值觀——以病人為中心的醫療，和團隊合作精神——只要我們覺得該做的，必會團結合作共同達成；每位醫師對各種精神疾病均有豐富的臨床經驗，在決定撰寫主題時，大家也迅速地達成共識、一拍即合，立即分頭進行，無不希望盡快完成。由於是系列叢書，所以封面、形式和書寫風格也需同步調整修飾，大家的默契極優，竟然可以在忙於繁重的臨床、教學、研究及國際醫院評鑑之時，順利地完成一本本的書，實在令人難以想像，我們都做到了。

完成這一系列叢書，不僅要為十七位作者喝采，我更要代表臺大醫院精神部，感謝心靈工坊的總編輯王桂花女士及其強大的編輯團隊、王浩威及陳錫中醫師辛苦地執行編輯和策劃，沒有他們的耐心、專業、優質的溝通技巧及時間管理，這一系列叢書應該是很難如期付梓。

人生在世，不如意十之八九，遇到壓力、挫折是常態，身心健康的「心」常遭到忽略，而得不到足夠的了解和適當的照顧。唯有精神健康、心智成熟才能享受快樂的人生，臺大精神科關心病人，更希望以嚴謹專業的態度診療病人。此系列書籍正是為了提供大眾更普及的精神健康照護而產生的！協助社會大眾的自我了解、回答困惑、增加挫折忍受度及問題解決能力，不論是關心自己、孩子、學生、朋友、父母或配偶的身心健康，或是對於專業人士，這絕對是你不可或缺、自助助人、淺顯易懂、最生活化的身心保健叢書。

【主編序】

本土專業書籍的新里程

王浩威、陳錫中

現代人面對著許多心身壓力的困擾，從兒童、青少年、上班族到退休人士，不同生命階段的各種心身疾患和心理問題不斷升高。雖然，在尋求協助的過程，精神醫學的專業已日漸受到重視，而網路和傳統媒體也十分發達，但相關知識還是十分片斷甚至不盡符實，絕大多數人在就醫之前經常多走了許多冤枉路。市面上偶爾有少數的心理健康書籍，但又以翻譯居多，即使提供非常完整的資訊，卻也往往忽略國情和本土文化的特性和需求，讀友一書在手，可能難以派上實際用途。

過去，在八〇年代，衛生署和其他相關的政府單位，基於衛生教育的立場，也曾陸續編了不少小冊式的宣傳品。然而，一來小冊式的內容，不足以滿足現代人的需要：二來，這些政府印刷品本身只能透過分送，一旦分送完畢也就不容易獲得，效果也就十分短暫了。

於是整合本土醫師的豐富經驗，將其轉化成實用易懂的叢書內容，成為一群人的理想。這樣陳義甚高的理想，幸虧有了高淑芬教授的高瞻遠矚，在她的帶領與指揮下，讓這一件「對」的事，有了「對」的成果：【臺大醫師到我家．精神健康系列】。

臺大醫院精神醫學部臥虎藏龍，每位醫師各有特色，但在基本的態度上，如何秉持人本的精神來實踐臨床的工作是十分一致的。醫師們平時為患者所做的民眾衛教或是回應診間、床邊患者或家屬提問問題時的口吻與內容，恰好就是本書系所需要的內涵：儘可能的輕鬆、幽默、易懂、溫暖，以患者與家屬的角度切入問題。

很多人都是生了病，才會積極尋求相關資訊；而在尋尋覓覓的過程中，又往往聽信權威，把生病時期的主權交託給大醫院、名醫師。如果你也是這樣的求醫模式，這套書是專為你設計：十七種主題，案例豐富，求診過程栩實，醫學知識完整不艱澀，仿如醫師走出診間，為你詳細解說症狀、分享療癒之道。

編著科普類的大眾叢書，對於身處醫學中心的醫師們而言，所付出的心力與時間其實是不亞於鑽研於實驗室或科學論文，而且出書過程比預期的更耗工又費時，但為了推廣現代人不可不知的心身保健的衛教資訊，這努力是值得的。我們相信這套書將促進社會整體對心身健康的完整了解，也將為關心精神健康或正為精神疾患所苦的人們帶來莫大助益。

這樣的工作之所以困難，不只是對這些臺大醫師是新的挑戰，對華文的出版世界也是全新的經驗。專業人員和書寫工作者，這兩者角色如何適當地結合，在英文世界是行之有年的傳統，但在華文世界一直是闕如的，也因此在專業書籍上，包括各種的科普讀物，華人世界的市面上可以看到的，可以說九成以上都是仰賴翻譯的。對這樣書寫的專門知識的累積，讓中文專業書籍的出版愈來愈成熟也愈容易，也許也是這一套書間接的貢獻吧！

這一切的工程，從初期預估的九個月，到最後是三年才完成，可以看出其中的困難。然而，這個不容易的挑戰之所以能夠完成，是承蒙許多人的幫忙：臺大醫院健康教育中心在系列演講上的支持，以及廖碧媚護理師熱心地協助系列演講的籌劃與進行；也感謝心靈工坊莊慧秋等人所召集的專業團隊，每個人不計較不成比例的報酬，願意投入這挑戰；特別要感謝不願具名的黃先生和林小姐，沒有他們對心理衛生大眾教育的認同及大力支持，也就沒有這套書的完成。

這是一個不容易的開端，卻是讓人興奮的起跑點，相信未來會有更多更成熟的成果，讓醫病兩端都更加獲益。

【自序】

善用，不被利用

張立人

近年我受邀到臺灣各級學校，演講網路成癮與療癒的主題，往往激起相當熱烈的討論。

老師們擔心，學生們夜半沉迷於線上遊戲或社群軟體，白天到了學校就睡成一片，不如乾脆把教室改成臥室、學校改成旅館！課堂上，老師在上頭振筆疾書寫白板，學生則是低頭不慌不忙滑平板，一上一下，成為沒有交集的兩個平面。相反地，學生們認為玩手機是天賦人權，憲法沒有規定上課不能玩手機，我願意來學校已經是給老師面子，如果你敢沒收我手機，學期末的教學回饋問卷我就打低分，讓你被學校解聘！如果學校半夜敢關閉宿舍網路，我就發動示威遊行……

許多家長更是手足無措，親子之間時常為了網路和手機使用而針鋒相對，大小衝突不斷。然而，在這個「窮忙族」的時代，年輕父母們為了賺錢買房（或是，買智慧型手機？繳交網路與手機費用？），無不疲於奔命，無暇親身教養小孩，不自覺轉而「高薪禮聘」虛擬遊戲或智慧型手機擔任「電子保姆」。這樣長久下去的代價是什麼？美國麻州大學的喬・卡巴金博士伉儷在《正念父母心：享受每天的幸福》（*Everyday Blessings: the inner work of mindful parenting*，心靈工坊出版）一書中指出，父母把科技產品當成「電子保姆」，變成孩子打發無聊時間的工具，孩子們重要的成長經驗、人際互動與發展活動，將被這些產品所取代！

有識者擔憂，年輕族群網路沉迷的狀況如此普遍，國家究竟還有前途嗎？唯一的「好」消息，就是許多先進、已開發國家的青少年，網路沉迷的狀況也是一樣。這已是全球不分老少，共同面臨的問題。當我們搭車、排隊或去風景區，不知不覺地拿出手機，打卡昭告天下、開啟遊戲軟體打發時間、查看臉書有何最新動態、看看誰傳來的訊息得趕緊回覆……這時，隔壁的乘客也突然被附身般，開始用手指在手機上面畫起符來。

以上網路現象，引發我們去思考兩個深層問題：

第一、網路軟體與智慧型手機大行其道，人人得而隨時享樂。當慾望的滿足，像空氣一樣隨處可得，人們變得更幸福了嗎？還是產生了更多的不滿足？我們還願意忍受延遲與等待嗎？從完美的虛擬回到現實中，有辦法適應大大小小的挫折嗎？你我將手中的生命之石，扔到慾望的無底洞裡，有聽見回音嗎？無窮盡的享樂，究竟將帶領你我往哪裡去？老子《道德經》第三章說：「不見可欲，使民心不亂。」意思是，不去展示誘惑的事物，人的心思就不會被擾亂。我們真有能力「坐懷不亂」，和一天二十四小時招手的誘惑共處一室嗎？

第二、智慧型手機可能剝奪我們「活在當下」的能力，藉著網路，我們忙於逃離現場，總是「生活在他方」。你是否發現，與自己獨處的時間變少了？生活中的空閒與無聊，變得更難以無法忍受？你還記得上班途中聽到哪些聲音？有哪些不同特徵的人聲、鳥鳴聲、狗吠聲、汽車喇叭聲？今天捷運車廂裡有何不同？遇見了哪些人們？這些經驗為你帶來了哪些感覺或想法？你遺落了哪些存在的體驗？願意試著讓自己紮紮實實地「安住當下」嗎？你能夠成為自己的親密伴侶嗎？

網路就像火一樣，是嶄新文明的驕傲，但也可能將我們的人生付之一炬。如何善用網路，而不是被網路利用，需要人們更多的智慧。如你在這本書中所見，清楚的界線、良性的溝通與親友的陪伴，對於網路成癮者是關鍵的療癒因素。對於長期使用網路與智慧型手機的現代人而言，為自己規劃不使用手機時間、多與人群接觸、親近大自然，是避免網路成癮的不二法門！

此書的出版，受到臺大精神科高淑芬主任及團隊的鼓勵、黃憶欣小姐及心靈工坊編輯部的大力協助。我非常感謝臺灣大學心理系陳淑惠教授、高雄醫學大學顏正芳教授、柯志鴻醫師慨然同意使用問卷，提供讀者們參考。此外，臺大精神科總醫師林煜軒在網路成癮議題上的洞見與研究，啟發我甚多，對於此書的誕生有不可磨滅的功勞。

在此敬祝各位讀者：上網，不上癮！

目　錄

【前言】

是自由，還是束縛？

現代人的生活愈來愈離不開網路，不久的將來，網路更將走入每一個家庭，結合電視和通訊功能，為生活添加許多便利和樂趣。但是，當我們在享受日新月異科技發展的過程中，有些副作用卻也逐漸顯現。網路成癮就是其中一個例子。

【新聞案例一】

看電影玩手機閃到後排　回家被追嚇壞

許姓少年在戲院看電影時，忍不住打手機電動，還和朋友用Line聊天，黑暗中手機亮光刺眼，惹惱後排二名觀眾，散場後騎車追到許家，指責少年製造「光害」非常缺德。少年指出，前晚他和朋友到桃園縣北區某戲院看熱門院線片，提前五分鐘入場，為了打發時間，才玩手機裡的賽車遊戲，但他快破紀錄，捨不得關機，播片後又玩了一、二分鐘。電影散場後，少年獨自騎機車回家，剛停好車，二名男子突然從後方叫罵：「你很帥是不是？看電影玩手機製造光害，當別人死人啊？沒公德心！」罵完踹了他機車一腳。警方說，二名男子的行為可能涉及恐嚇、公然侮辱等罪責，若接獲報案，會請當事人說明。（《聯合報》，2013年5月13日）

【新聞案例二】

無照騎車出車禍仍不忘拍照打卡 連救護員也傻眼

南台灣凌晨發生一輛自小客車和兩部機車的車禍，騎機車雙載的四名年輕男女在車禍中受傷。傷者無法走路的，由救護人員抬上擔架，還能自行走路的，則扶上救護車，其中兩名女性傷者，在救護車送醫途中，竟然不忘拍

照作紀念，一名躺在擔架上的傷者跟一同送醫的同伴說：「好久沒發生車禍了，幫我拍照，可以打卡。」她的朋友於是在擦傷的地方拍了張特寫，完全不曉得無照駕駛的她們已經闖了禍，讓救護人員看了也傻眼。（中廣新聞網，2013年5月12日）

【新聞案例三】

迷電玩餓死一歲女　小爸媽重判七年半

沉迷電玩，竟讓一歲大的女兒活活餓死！在一年多前，一對二十歲出頭的小夫妻，因為沉迷線上遊戲，寧願花錢上網，卻捨不得買奶粉餵一歲女兒，導致女嬰餓死家中。一審原本同情這對夫婦經濟狀況不好，缺乏照顧女童知識，輕判各五年四個月徒刑；但高院認為，讓女嬰忍受飢餓苦痛，不值得同情，改重判兩人各七年半徒刑。（TVBS新聞，2012年6月15日）

【新聞案例四】

南韓兩百萬人網路上癮

十六歲的崔炫民（化名）正在接受治療，他每次玩電玩長達十小時，完全沒節制，他說：「玩線上遊戲刺激又有趣，我滿腦子只想不停的玩下去。」他從九歲就網路上癮，甚至因父母把電腦鎖在房裡不讓他玩，用拳頭打破房間窗戶，好把電腦拿出來。

開辦網路成癮門診的南韓公州醫院李載元（音譯）醫師說，年初一名三十一歲男子因在網咖玩線上遊戲逾七百八十個小時，被送醫急救。南韓官方數據顯示，全國四千八百六十萬人口中約兩百萬人有網路成癮現象，九到十九歲佔四成。（《蘋果日報》，2011年6月20日）

上述的新聞案例顯示網路成癮已經是現代社會愈來愈普遍的問題。

為何會有這麼多人沉迷網海，難以自拔？這是一種心理疾病嗎？我們要如何防止這類悲劇的發生？網路無所不在的便捷，究竟是帶給我們更多自由，還是更多的麻煩與束縛？無論如何，「網路成癮」和相關的科技心理學，絕對是現代人必須探討和面對的重要主題。

【第一章】

科技成癮的原型
—認識網路成癮

「就像火一樣，電腦和網路是最好的僕人，
但也是最壞的主人。」
—伊凡・郭德堡

1980年代，電腦科技蓬勃發展，已經有少數心理學家，包含美國加州州立大學心理系的賴利·羅森（Larry Rosen）教授，開始注意到某些人對於科技的病態性反應，如「電腦畏懼症」（computerphobia），是一種對於電腦感到恐懼或厭惡的反應。1990年代，改稱為涵蓋面更廣泛的「科技恐懼症」（technophobia）。同時間，網際網路（internet）興起，1990年中期，全球資訊網（world wide web）蓬勃發展，多樣化的焦慮取代了畏懼，羅森又改稱之為「科技壓力」（technostress）。

二十世紀最後幾年，筆記型電腦與手機陸續問世，人們可以隨身帶著科技產品，打破了家庭、學校與公司的藩籬；進入二十一世紀，Google、YouTube、Facebook、Twitter、Skype等介面，變成青少年生活的代稱；2010年，智慧型手機與平板電腦更是傾巢而出，隨時可行動上網，電信業者更是推出令人眼花撩亂的各類應用程式……。

這些科技背後的重要原型，就是網路。網路帶來的現象千變萬化，一再改變人與自己、與他人的界線，讓我們措手不及、又愛又怕。隨著網路的普及，「電腦畏懼症」愈來愈稀少，取而代之的是相反的症狀：「網路成癮」。

如飢似渴的「癮」

網路，照亮二十一世紀虛擬世界的那把火

「網路成癮」一詞最早是由哥倫比亞大學的伊凡・郭德堡醫學博士（Ivan Goldberg, M.D.）於1995年所提出，他是一位精神科醫師兼臨床精神藥理學家，主要研究難治型情緒疾患的藥物。某一天，他在網路上半開玩笑地提出「網路成癮症」（internet addiction disorder, IAD）一詞，形容「過度沉迷網路而有失常行為」，結果聲名大噪。郭德堡研究精神藥物學多年，知道的人並不多，哪知道開了個小玩笑，全世界都認識他了。

他還順口說了一句名言：「就像火一樣，電腦和網路都是最好的僕人，卻也是最壞的主人。」火是文明的開端，沒有火就沒有文明，但火也可能燒傷人。而網路，正是照亮二十一世紀虛擬世界的那把火，為生活帶來突飛猛進的便利，卻也有副作用和傷害力。

1996年，匹茲堡大學的臨床心理學教授金柏莉・楊博士（Kimberly Young）發表了全世界第一個網路成癮的學術案例：一名四十三歲的家庭主婦，發現網路聊天室既新鮮又刺激，每週六十個小時掛在線上，平均一天上網超過

八小時，不只家務事不做，連情緒都變得不穩，反倒是一上網路聊天室就精神奕奕，離線後卻憂鬱、易怒，一連串的身心反應非常類似酒癮發作。

之後更多的研究發現，網路成癮是人機互動產生的心理依賴，屬於「行為成癮」；而我們過去所熟知的酒癮、煙癮則是「物質成癮」，是化學物質進入體內引發生理的反應，兩者不盡相同。非物質性的「行為成癮」，最典型的是賭癮。人在賭博時並沒有遭到物質入侵，麻將與撲克牌不會進入他們的身體，而是愛上了賭博的刺激感，漸漸有了成癮行為。

行為成癮—因心理快感和心理依賴而上癮

行為成癮，指的是反覆從事某種行為，無法自我控制，且可能對身心健康或社交生活有害。在正式臨床診斷上，「行為成癮」的現象，可能分屬於以下診斷範疇：

1. **成癮疾患**（addictive disorder）：賭博疾患（持續的病態性賭博）。網路（遊戲）成癮、非自殺性的反覆自傷行為，因目前研究仍未達充分，列在研究準則中。其他如性愛上癮、運動（鍛鍊）上癮、購物上癮等，則因相關論文不足，未列入正式診斷。

2. **衝動控制疾患**（impulse control disorder）：縱火狂（從縱火行為中舒緩緊張、得到快感，背後並無利益或特殊目的）、竊盜癖（從竊盜行為達到前述效果）。
3. **強迫症相關疾患**（obsessive-compulsive and related disorder）：拔毛癖（反覆拔毛卻無法控制）、摳抓癖。
4. **飲食疾患**（eating disorder）：暴食症（失控地在短時間內吃下大量食物，並且為了避免增胖而有不當代償行為）。
5. **性倒錯**（paraphilic disorder）：如偷窺癖等。

碰到喜愛的事物，每個人多少都會出現「習慣」或「沉迷」的傾向。例如沉迷於某齣電視劇、某項運動或遊戲，非常依戀某位明星……，本質上是追求欲望的滿足，擺脫無聊或痛苦，只求享受其中的愉悅感。當人學習到「做某件事可以離苦得樂」，便會持續做下去，而這確實也是人類成長的動力。

例如嬰兒餓了，就有喝奶的慾望，喝飽了感到舒服愉悅，這種滿足是生理性的；但嬰兒也喜歡吸奶嘴或手指，即使沒有實質的飽足感，卻會帶來心理上的安全感跟滿足感。然而在某些情境下，這種追求愉悅的本能卻讓人毫無

節制地陷溺，變成一定或必須這麼做才行，反而帶來痛苦的結果。例如有些孩子不只是有吸手指的習慣，而是吸到「上癮」，怎麼樣都戒不掉，吸到手指破皮流血，甚至得到蜂窩性組織炎不得不住院治療。

網路的世界豐富繽紛，本來就具有讓人容易沉迷的特質。愈來愈多人養成每天上網的「習慣」，有時候為了工作，有時候為了娛樂，有時候為了社交和休閒。當每天上網的時間愈來愈長，「習慣」、「沉迷」與「成癮」的界線如何區隔？「正常使用」和「病態使用」要如何分別？這是大家都很關心的話題。

上網讓人感到愉悅，得以暫時脫離日常生活的煩瑣，但是如果沒有節制，也會帶來痛苦的後果。

醫｜學｜小｜常｜識

衝動控制疾患

無法抗拒對自己或他人有害活動的衝動、驅力或意圖。患者在活動之前會緊張或感覺激昂，而在活動結束時感到愉快、滿足或解脫，如縱火狂、竊盜癖等，均屬於衝動控制疾患。

網路成癮的定義

至今網路成癮的標準仍眾說紛紜。之前，學界多是根據《精神疾病診斷與統計手冊》第四版（*The Diagnostic and Statistical Manual of Mental Disorders, DSM-IV*）裡「病態性賭博」的概念，作為判斷病態性網路上癮的參考標準。2013年5月出版的DSM-5，並未將「網路成癮」列入正式臨床診斷，只有將「網路遊戲疾患」（Internet gaming disorder）的研究準則，列入書中，期許未來有更進一步研究。

雖然網路成癮並未列為正式的精神疾病，卻是不斷蔓延且無法忽視的臨床與公共衛生問題，許多相關研究已逐漸引起學界和大眾的注意。

金柏莉・楊博士是首位有系統研究「網路成癮」的學者，1996年她在美國精神醫學學會（American Psychiatric Association, APA）上發表文章，回顧了六百位重度網路成癮者案例，對網路成癮提出以下定義：

1. 非本質性、強迫性的使用：上網程度遠超過特定目的或工作的需求，甚至只是為了想上網而上網。不能上網時會出現「戒斷」症狀，煩躁易怒，為了解除這份不安感，而繼續上網。

2. 對活動或人際往來失去興趣：影響時間管理、健康、學業、職業、人際關係。
3. 線上即時活動佔據了生活：整天都想著上網，上網的慾望愈來愈大，無法滿足，需要上網的時間愈來愈長。
4. 無法控制使用：想戒而戒不掉，甚至對人說謊，隱瞞上癮的程度。

看看身邊俯拾即是的例子：

李經理隨時都在查看電子郵件和訊息，就算週末休假在家，或者和家人到峇里島度假，他還是整天抱著筆記型電腦，完全忽略了老婆和女兒。終於，另一半受不了了，準備跟他離婚。

博文每隔十五分鐘就在臉書上po文，即使是上班時間，他仍舊隨手發表最新動態、心情感言和三餐點心的照片。如果沒人回應，他會自己按讚、自己回應，讓兩千四百個臉書好友都能夠知道他的最新消息。後來總經理發現，他提出的案子錯誤百出，決定要炒他魷魚。

阿豪每天下午三點起床，就立刻到魔獸世界裡「打怪」，怕離開電腦太久影響戰況，三餐吃泡麵度日，一個禮拜洗一次澡，三年來不願找任何工作，和家人衝突嚴重。有幾次斷線的時候，他很激動地大叫，甚至搥打牆壁。

以上案例很可能已經達到網路上癮的標準！

你網路上癮了嗎？

隨著網路愈來愈普及，關於網路上癮的研究也陸續發表。第一份相關問卷是匹茲堡大學網路成癮症檢測標準問卷（internet addiction diagnostic questionnaire, IADQ），而第一份具有效度的網路成癮測驗（internet addiction test，IAT）則是由兩位英國學者羅拉．維德陽朵和瑪莉．麥克莫芮博士（Laura Widyanto Ph.D. & Mary McMurren Ph.D.）所設計。

在國內，臺灣大學心理系陳淑惠教授所提出的網路成癮量表（Chen internet addiction scale, CIAS），目前也普遍應用。讀者不妨自我測驗看看，你，網路成癮了嗎？

這份量表在華人網路成癮檢測上，受到相當重視。總共二十六題，總分超過六十八分就需注意可能有網路成癮的傾向。

這份量表主要針對近半年來在網路使用上的五個層面來檢測：

1. 強迫性症狀：在想到或看到電腦時，會產生想要上網的欲求或衝動；上網之後難以脫離電腦；渴望有更多時間留在網路上。
2. 戒斷症狀：如果被迫離開電腦，會出現受挫的情緒反

應，如情緒低落、生氣、空虛感等，或是注意力不集中，坐立不安。

3. 耐受性症狀：必須透過更多的網路內容或使用時間才能得到滿足。
4. 人際與健康問題：忽略原有的居家與社交活動，包括與家人朋友疏遠；為掩飾自己的上網行為而撒謊；身體不適，例如眼乾、眼痠、頭痛、肩膀痠痛、腕肌受傷、睡眠不足、胃腸問題等。
5. 時間管理問題：耽誤工作。

由於現代人大量使用網路，所以「網路成癮」的判斷標準強調的是「功能受損」。例如有一些案例已經影響課業、工作、社交、親密關係等。

不過，精神疾病也可能導致網路成癮行為，例如有些躁鬱症患者在躁症發作時，拚命上網購物，一旦收到帳單，又變成重度憂鬱想自殺，這是精神疾病所造成的病態性使用，並不屬於真正的「網路成癮」。

網路成癮量表CIAS

一、這半年以來到現在，您是否有使用電腦網路？

☐ 是（勾「是」者，請繼續完成整份問卷）

☐ 否（勾「否」者，請停止作答）

二、下面是一些有關個人使用網路情況的描述，請評估您目前的實際情形是否與句中的描述一致。由1至4，填入的數字愈大，表示句中所描述的情形愈符合目前您實際的情形。

實際情形：極不符合–1　不符合–2　符合–3　非常符合–4

☐ 1. 曾不只一次有人告訴我，我花了太多時間在網路上。

☐ 2. 我只要有一段時間沒有上網，就會覺得心裡不舒服。

☐ 3. 我發現自己上網的時間愈來愈長。

☐ 4. 網路斷線或接不上時，我覺得自己坐立不安。

☐ 5. 不管再累，上網時總覺得很有精神。

☐ 6. 其實我每次都只想上網待一下子，但常常一待就待很久不下來。

☐ 7. 雖然上網對我的日常人際關係造成負面影響，我仍未減少上網。

☐ 8. 我曾不只一次因為上網的關係而睡不到四小時。

☐ 9. 過去半年來，平均而言我每週上網的時間比以前增加許多。

- [ ] 10. 我只要有一段時間沒有上網就會情緒低落。
- [ ] 11. 我不能控制自己上網的衝動。
- [ ] 12. 發現自己投注在網路上而減少和身邊朋友的互動。
- [ ] 13. 我曾因上網而腰痠背痛，或有其他身體不適。
- [ ] 14. 我每天早上醒來，第一件想到的事就是上網。
- [ ] 15. 上網對我的學業或工作已造成一些負面的影響。
- [ ] 16. 我只要有一段時間沒有上網，就會覺得自己好像錯過什麼。
- [ ] 17. 因為上網的關係，我和家人的互動減少了。
- [ ] 18. 因為上網的關係，我平常休閒活動的時間減少了。
- [ ] 19. 我每次下網後其實是要去做別的事，卻又忍不住再次上網看看。
- [ ] 20. 沒有網路，我的生活就毫無樂趣可言。
- [ ] 21. 上網對我的身體健康造成負面的影響。
- [ ] 22. 我曾試過想花較少的時間在網路上，但卻無法做到。
- [ ] 23. 我習慣減少睡眠時間，以便能有更多時間上網。
- [ ] 24. 比起以前，我必須花更多的時間上網才能感到滿足。
- [ ] 25. 我曾因為上網而沒有按時進食。
- [ ] 26. 我會因為熬夜上網而導致白天精神不濟。

網路成癮是不是病？

早先有學者認為，任何事情都可能導致成癮，網路使用過多並不能算是一種疾病。但後來發現，網路成癮也會有明確的戒斷反應，不少人在一些無法上網的情境（如上課中）、或不能上網的狀態（如網路斷線）會感到不舒服，引起無聊、煩躁、容易生氣、心情不好等負面感受。

2000年德國慕尼黑大學教授奧立維．席曼（Oliver Seemann）在國際知名期刊《刺絡針》（*The Lancet*）中指出：「網路成癮是一種真正的心理疾病……我們的病人抱怨了典型的戒斷反應，包括緊張、激動、攻擊性。」

2008年，學者傑瑞得．布洛克（Jerald Block）在知名的《美國精神醫學期刊》（*American Journal of Psychiatry*）中，建議將「病態電腦使用」納入《精神疾病診斷與統計

如果沒有網路就失魂落魄、提不起勁，就要考慮一下是否網路成癮囉！

手冊第五版》(DSM-5),他並將病態電腦使用分為三種亞型:遊戲過度、性沉迷、電郵訊息沉迷。

也有學者建議將網路成癮的範圍擴大到電玩之外,並把「網路成癮症」分類為:網路關係沉迷(聊天交友)、網路強迫行為(賭博或購物)、網路性沉迷(色情圖片或成人網站)、資訊過度負荷沉迷(逛網頁或資料庫)或電玩沉迷(線上遊戲)等。

這些學者支持將網路成癮列為精神疾病的理由,主要是認為它的過度使用、耐受性、戒斷症狀難以戒除、功能損害等特徵,與物質成癮相同。

然而,2013年5月出版的DSM-5,並未將網路成癮納入正式的精神疾病,因為它仍存在不少爭議。反對者的理由包括:

1 大量依賴網路,是新興且普遍的一種生活方式。
2. 網路是抽象而非特定的名詞,網路成癮只描述形式而未針對內容。相形之下,病態性賭博就明確許多。
3. 網路在社交上帶來一些壞處,卻也帶來不少好處。研究顯示好壞相權之後,增加了28%的社交互動機會。
4. 若把過度使用某些事物都定義為精神疾病,將有無數的新興疾病產生。

由於這些爭議可以顯示「網路成癮」日益受到關注，尤其是愈來愈普遍的「網路遊戲成癮」，DSM-5擬定了「持續且反覆地投入網路遊戲，通常和其他玩家一起，導致臨床上顯著的損害或痛苦，在過去十二個月內出現下列五項或以上」的研究標準：

1. 網路遊戲佔據了生活大部分心思或時間。
2. 當停止或減少網路遊戲時，出現戒斷症狀。
3. 「耐受性」：需要花更多時間在網路遊戲上。
4. 反覆努力想要控制網路遊戲的使用，卻徒勞無功。
5. 除了網路遊戲，對先前的嗜好與休閒都喪失興趣。
6. 即使知道在心理、社會功能出現問題，仍然繼續使用。
7. 對家人、治療師或他人欺瞞自己使用網路遊戲的情況。
8. 使用網路遊戲來逃避或紓解負面的情緒。
9. 因為網路遊戲而危及或喪失重要的人際關係、職業、教育或工作機會。

不論網路成癮是否被歸為「疾病」，隨著網路科技與智慧型手機的全球化，確實是愈形嚴重的「問題」。網路成癮之核心病理為「失控」，當事者發現網路使用已對生活造成不良影響，卻無法自我控制或減少使用。高雄醫學

大學柯志鴻副教授建議，在現今階段，以「失控」作為診斷的核心概念。

醫｜學｜小｜常｜識

「物質成癮」的常用術語

- **使用（use）**：是指飲用酒精或服用藥物並沒有產生負面效果。
- **誤用（misuse）**：個體使用酒精或藥物後產生負面效果。
- **濫用（abuse）**：使用酒精或藥物產生負面效果，導致身心危害與功能受損。
- **依賴（dependence）**：心理／生理對一種物質的需求狀態，特徵是：強迫使用、耐受性、停止使用後出現明顯不適感的心理／生理依賴。
- **成癮（addiction）**：是指一種行為模式，在使用（某物質）時會難以抵擋的深陷其中，而不管（此物質）所帶來的不利結果，且在擺脱或停用（此物質）後，極可能再復發。

有多少人沉溺網海，需要即刻救援？

全世界到底有多少人網路成癮？根據估計，歐美地區大約佔人口比例1.5%~8.2%；以全球而言，約介於6%~18.5%，其中以年輕族群居多。中國城市地區的青少年網癮者約8%~19%，南韓為10.7%~20%，是全世界公認網路成癮比例最高的國家。

為什麼各國研究數字差異如此大？因為在網路成癮的統計上，缺乏統一標準，甚至連定義都不盡相同。隨著診斷標準和問卷內容不一，不同國家有不同的研究設計，數字因此有很大的歧異。以韓國為例，目前三星手機的佔有率名列全球第一，手機科技及網路的普及率驚人，有學者估計其青少年網癮者比例可能高達三成。

值得注意的是，彰化師範大學輔導與諮商學系主任王智弘於2012年的研究指出，台灣年輕學子的網路成癮比例大約有兩成，已漸漸追上韓國，讓人憂心。以不同年齡族群來看，大學生的網路成癮比例最高，因為中小學生比較容易受到父母管控，而大學生從青少年邁向成年，終於離家外宿，可以盡情使用網路；加上經常要用網路交報告和討論課業，使用頻率大幅增加。網路成癮在大學校園中已

成為非常重要的議題，大學生熬夜上網如一尾活龍，白天上課卻像一隻瞌睡蟲，許多大學的衛生保健和心理輔導單位都很關切，有大學乾脆實施「午夜斷網」措施，避免學生爆肝上網，希望學生擁有正常的睡眠時間，但引起非常大的反彈。

我曾經到一些大專院校演講，當校長主動講到希望午夜斷網，以維護學生學習品質時，全校學生立即噓聲四起，全場鼓譟。校方維護學生健康的動機是良善的，但學生們感到的卻是個人自由受到侵害，兩者確實形成很大的倫理衝突。

還記得年初一則新聞？2013年1月3日凌晨零時左右，高雄義守大學學生宿舍突然發生斷網，學生們鼓譟抗議，高喊「我要網路」，半小時後網路恢復，抗議行動才停止。校方解釋是因主機故障造成斷網。有學生卻在臉書上指出，校方曾數次午夜無預警斷網，所有人不得不登出網路遊戲，大家不滿情緒逐漸累積，才會造成這次暴動。

學生對網路的強烈依賴，已經變成「不可一日無此君」，接下來會不會網路成癮，就要靠學生自身小心警覺和防範了。

【第二章】

為何滿街都是低頭族？

改變歷史的三顆蘋果：
亞當的蘋果、牛頓的蘋果、賈伯斯的蘋果。

全家都愛瘋手機

科技成癮的原型是網路成癮，它的進階版本，就是智慧型手機成癮。

手機強迫症或手機成癮，或許是拜蘋果電腦創辦人賈伯斯所賜，因為iPhone愈轟動，手機的成癮性也愈來愈強。《天下雜誌》曾以聳動的標題「你被智慧型手機綁架了嗎？」專文報導，一位網友也在「老人與蘋果」部落格上提出了智慧型手機上癮的幾種亞型：

1. 行動裝置上癮（mobile device addiction, MDA）：對傳統手機、PDA、傳訊王等成癮。
2. iPhone上癮症候群（iPhone addiction syndrome）：上廁所也用iPhone；常常到處找充電處，手頭兩個以上iPhone充電器；沒事就打開 iPhone，沒事也看看信箱；沒帶iPhone外出會緊張……。
3. 應用程式上癮（app addiction syndrome, App）：每天上iTune找App；App塞滿滿；每天玩App遊戲，新遊戲不到三天就換一次；iTune上的App超過300個……。

林口長庚醫院精神科張家銘醫師指出，過去討論網路成癮時，有娛樂型、資訊型和社交型三種類型，但手機整併了以上三種功能，更容易「上癮」。收不到訊號會擔心、電力快沒了很緊張，每到一個定點就找網路連線，或者沒有它，就不知如何安排生活。

臺灣智慧型手機的持有人口正在快速增加。根據資訊工業策進會的調查，2012年7月，使用智慧型手機人口已達六百零九萬人，比2011年同期兩百九十七萬人成長一倍以上，預估到2015年，台灣將有超過六成人口持有智慧型手機。

Google的「2012 Mobile Planet」調查顯示：在2012年底，臺灣智慧型手機普及率約32%，全球普及率則為34%。九成一的手機用戶會造訪臉書等社交網站，每支智慧型手機會安裝三十個App，多於英、美等國。

而在南韓，智慧型手機的普及率更高，且擴展到中小學生。據《韓國時報》報導，南韓約66%的學生擁有智慧型手機，年紀愈大愈沉迷網路。有3%的國小學生、10%國中生、15%高中職學生每日使用智慧型手機上網超過五小時。他們玩手機的主要目的是即時交談（74%）、通話與傳簡訊（67%）、聽音樂（64%）、查資訊（54%）、玩

遊戲（52%）。

知名趨勢分析師——人稱「網路女王」的瑪莉・彌克（Mary Meeker）在美國史丹佛大學發表了一份報告，截至2012年底，有幾個值得注意的重要數據：

1. 全球網路使用者已有二十四億人，年成長率8%。新興國家的成長率則高達15%。
2. 全球智慧型手機使用者的年成長率42%，目前已超過十一億人（使用人口最多的是美國、中國和印度）。
3. 全球行動App產生的收益（付費App加上廣告收入），從2008年的七億美金成長為一百九十億美金。
4. 美國「黑色星期五」網路購物有24%來自行動裝置（手機和平板電腦）。

瑪莉・彌克指出，隨著網路和智慧型手機時代的來臨，人們幾乎需要「重新想像」一切事物——人與人的連結、知識、商業行為、金流、設計、健康管理、教育學習、資料管理等等。

青少年低頭族快速增加

日新月異的科技不斷刺激使用者，投入求新求快的網路世界。例如全球智慧手機龍頭三星電子，於2013年3月發表全新高階旗艦智慧手機Galaxy S4，搭載5吋螢幕、13MP相機、眼球追蹤軟體以及體感偵測技術，用戶可透過臉部活動操控各種功能，過去的手指「滑板」動作更進階為「懸浮」。據報導，三星2013年將至少推出三款高階智慧手機，S4只是其中之一。

種種趨勢創造了處處可見的「低頭族」、用手指在手機螢幕上滑不停的「指叉族」、隨時追求新鮮資訊的「追新族」，以及可預見使用眼球追蹤軟體的「脫窗族」。智慧型手機輕薄短小、容易使用、軟體廉價，搭配吃到飽的

低頭族

指叉族

脫窗族

網路連線，讓一個人從早上起床到晚上睡覺，無時不刻都可收到訊息和通知，和我們內心想要掌控未知訊息的求知慾一拍即合，比電腦上網更輕易侵入我們的生活。

手機過度使用不僅是心理問題，連生理上都出現問題，有人甚至出現「大拇指不舉」。萬芳醫院健康管理中心主任林英欽的診間，已陸續出現因一直「滑」手機而罹患肌腱炎的年輕人；也有人因為螢幕太小，長期盯著看，出現眼睛痠澀等視力疲勞的現象，而螢幕光線的長期刺激，也使年輕族群提早出現白內障的病變。甚至有人滑手機滑到視力只剩零點二。

新竹國泰醫院眼科又傳出三名高中生，因使用智慧型手機過於頻繁，導致強光直射黃斑部，造成內出血而視力模糊，其中一名高中一年級的男生，視力居然掉到只剩下零點二，經緊急治療才得以挽回，醫師呼籲青少年千萬別做低頭族，否則眼睛將受到難以挽救的傷害。（中國新聞網，2013年6月17日）

智慧型手機「創造」了很多新鮮的活動，平常不打電動、不看即時新聞的人，卻因為有了手機而改變習慣，愈來愈忙。手機，也可能吞噬原來生活中思考、放空的「空白」時間。精神健康基金會精神健康指數組召集人楊聰財發現，有了智慧型手機，現代人變得更忙碌。原是幫忙節省時間的科技產品，反而讓人感覺速度「變快」，不由自主地想求快求新求變，成了被手機綁架的忙碌低頭族。

赫爾辛基資訊科技研究院和英特爾實驗室發現，重度使用智慧型手機的人，每十分鐘就要確認一次手機，一天確認次數高達三十四次；台安醫院精神科主任許正典曾治療多例手機過度使用的病人，這些患者為了要頻頻查看手機，造成失眠、注意力不集中、精神緊繃等症狀。他建議有此困擾者，可先試著將手機放在離身邊較遠的包包、夾克口袋，避免不自主查看，若仍無法改善，即應就醫。

過度使用手機也容易造成身體器官過勞，導致手部及眼睛的病變喔！

學者馬立阿諾·裘里茲（Mariano Choliz）指出，青少年特別容易有成癮現象，核心症狀包含：

1. 過度使用：高額的通話費、高量通話與簡訊。
2. 因過度使用而和父母產生衝突。
3. 影響到學校活動或個人生活。
4. 為了達到滿足使用量增加，包含頻繁更換新手機。
5. 無法使用手機時情緒變得非常強烈。

裘里茲歸納出青少年特別熱衷使用手機的原因如下：

1. 擁有手機能突顯青少年的自主性。
2. 和同儕相較時，提供某種認同與聲望。
3. 手機的創新功能讓青少年自覺有天分、技巧出眾。
4. 是樂趣與娛樂的來源。
5. 有助於建立與維持人際關係，特別是「未接來電」還帶有社交或情感上的功能。

你被手機綁架了嗎？

高雄醫學大學顏正芳教授團隊於2009年發表一項大型研究報告，針對一萬零一百九十一名南台灣中學生調查使用手機的狀況。這份「手機問題使用問卷」（problematic

上｜網｜不｜上｜癮｜小｜常｜識

智慧型手機成癮的因應之道：

1. **設定「不使用智慧型手機」的時間：**如果程度不嚴重的話，可以由自己訂時間，試著幾分鐘不用手機。另外，只使用手機的電話功能就好，關掉最常使用的網站功能，如信件讀取，Line等簡訊程式，瀏覽網站或是臉書。
2. **使用智慧型手機」的場域：**可以設定臥室、社交場合為不使用智慧型手機的場域。在臥室使用手機可能會睡眠片段化、常常保持在淺睡期，造成「隱形失眠」，嚴重影響到睡眠品質。有些人情形比較嚴重，需要伴侶或家人來幫忙限制。特別需要注意的是，開車時請勿使用手機。
3. **將手機放在離身邊較遠的地方：**包包內、夾克口袋都是選擇，減少隨時隨地都將注意力放在手機上的機會。

4. **設定查看智慧型手機的頻率**：於手機上設定如三十分鐘或一小時就查看手機一次。若每五到十分鐘就看一次手機，真的太頻繁了。試著從十五分鐘，逐漸延長到三十、四十五或六十分鐘。
5. **推動「可預期休假」(predictable time off, PTO)制度**：這是近年在美國興起的管理制度，是指強制員工休假的指定期間，一定要照規定徹底休息，不能查看任何電子郵件或語音信箱。此制度確實改善了工作效率與合作、工作滿意度，以及工作與生活間的平衡。

cellular phone use questionnaire）如右表。

前七項是詢問受訪者是否在最近一年內有「手機問題使用」的症狀；後五項則探詢是否產生了「功能損害」，包含學業成績下降、和同學或朋友相處品質變差、與父母手足關係問題、身心健康損害、法律問題等。若五項中有一項，就表示有功能損害。

結果發現，在青少年族群中，16.7%出現手機（傳統型）過度使用的問題。「手機問題使用」的症狀愈多，表示愈有機會產生「功能損害」。

值得注意的是，有明確憂鬱症狀者，「手機問題使用」是一般同學的二點七五倍。因此，憂鬱是「手機問題使用」重要的危險因子，可能的心理機轉包括：

1. 手機提供的虛擬世界，讓憂鬱的青少年能夠抒解情緒問題，獲得掌控感。
2. 手機的強迫性使用，干擾了青少年的日常作息，增加了生活中的種種困難，而造成青少年的憂鬱；和家人間因手機引起的衝突，讓青少年更憂鬱。
3. 「手機問題使用」與憂鬱症狀，都表示一種不健康的生活型態。

手機問題使用問卷

NO	你最近使用手機有沒有以下的情形？	沒有這種現象	有這種現象
1	和剛開始用手機時比起來，現在每天用手機的時間已經增加很多。		
2	如果手機突然被沒收，或是突然被限制不能使用，會覺得很難受。		
3	打手機所花的時間或金錢，常常超過自己本來預定的程度。		
4	曾經嘗試少花一點時間或金錢在手機上，卻沒成功。		
5	明明知道已經花太多時間或太多錢在手機上，卻無法控制。		
6	為了打手機，而放棄和朋友或家人相處的機會，或是停止原本喜歡的休閒活動。		
7	明明知道自己的身心健康問題可能是因為使用手機所引起，仍不願改變。		
8	使用手機已經影響學業成績。		
9	使用手機已經影響和同學、朋友的關係。		
10	使用手機已經影響和父母、兄弟姊妹的關係。		
11	使用手機已經影響身體或心理健康。		
12	為了使用手機已經惹上法律糾紛（如拿別人手機、欠繳費用、買贓物等）。		

世界知識帶著走的滑世代

打開孩子的電子書包

2011年，賴利・羅森博士發表一項針對七百五十名青少年與成年人的線上調查，發現每十五分鐘就要查看一次文字訊息的習慣，i世代（出生在1990～1998年）達62%，網路世代（出生在1980～1989年）則高達64%。若無法上網收取文字訊息，會感到中高程度焦慮的，i世代和網路世代都達到51%，由此可見青少年和大學生對手機與網路的依賴程度。

2012年6月，聯合國教科文組織與蘋果公司合作的線上虛擬大學iTune U正式宣布成立；iPad教育類App數量更是激增，達到3.5萬個，佔所有App的14%。

目前，全球約三分之一的國家已經投入「電子書包」計畫，截至2012年9月，台灣也有四十二所中小學在教育部協助下進行此計畫，預計在2014年將10%中小學納入其中；美國更預計在2017年全面實施電子書包。

2012年10月，《商業週刊》第1300期的封面攝影很特別：一個三、四歲的女孩，緊緊捧著一台iPad，目不轉睛盯著那台平板電腦，她的兩顆眼球像鏡子一樣，反射著光

亮的螢幕，標題是：「搞定你的數位小孩！」因為一場丟掉課本、黑板的革命已經發生。

「電子書包」計畫希望增強學生們的表達、探索、歸納技巧，培養適應未來社會的靈活能力，引發學習的熱忱，能夠將世界知識帶著走。該封面故事描述了一位就讀iPad實驗班的十四歲國中學生郭彥真，發現iPad不是遊戲

機，而是「富人情味」的百科全書與專屬家教，遠勝過冰冷無趣的課本。他甚至愛上了古文辭賦，如「美人邁兮音塵闕，隔千里兮共明月；臨風歎兮將焉歇，川路長兮不可越……」，這些美麗的句子，出自於南朝宋文學家謝莊的〈月賦〉。中國古文學，是他接觸iPad之後新增的嗜好。

這個例子可以說明，科技可以徹底揚棄舊日的填鴨式教育，讓學生的主動式學習、問題解決能力大幅提升。

然而，老師們卻陷入iPad優先、還是考試優先的拉扯中。老師備課與跨專業整合的壓力增加了；以往的上下權力關係面臨瓦解危機，學生們用網路搜尋到的資料，遠比老師的授課內容更多元、更有趣，甚至更正確。但老師們也發現，能夠隨時上網的校園環境，挑動著學生愛玩的心，網路成癮的風險增加了，教室管理問題層出不窮；雖然學生們的知識豐富了，全班平均考試成績卻明顯下滑。

這類因「電子書包」計畫而產生副作用，國際上也已經發現。2012年國際組織多邊開發銀行（Inter-American Development Bank）研究指出，參與麻省理工學院電子書包計畫（One Laptop Per Child，每童一電腦）的小學生，和沒有參與的學生比起來，學業成績並沒有進步，也沒有較高的學習動機。這項發現和一般人預期的相當不同。研

究結果告訴我們，電子書包雖然是好的「工具」，但是「人」的動機才是最重要的。「電子書包」計畫網站也建議：「電子書包是未來的方向，但是工具本身不會帶來我們想要的改變，人的思維要先改變。」

這波數位時代的教育浪潮，顯然是無法逃避的。如何善用威力強大的網路工具，幫助自主學習，卻又要預防過度使用導致網路成癮，是滑世代的老師、學生與家長非常重要的課題！

如何規範學齡期孩子上網呢？幾個要點：

1. 親子在客廳等公共區域上網，互相分享與討論。
2. 與孩子約定每天使用電腦時數，可以鼓勵用鬧鐘提醒自己。
3. 每天安排生活作息表。盡量在寫完功課之後再上網。
4. 耐心與孩子溝通使用網路的原則，適度尊重孩子的意見，重點是維繫關係、避免貿然斷網。
5. 鼓勵在真實世界中結交朋友、參加社團、從事多元活動，不要只在網路中活動。
6. 訂定網路使用的獎懲規則，有良好表現可增加上網時間，若不守規定則減少。
7. 告訴自己和孩子：改善上網習慣，任何時候都不嫌晚。
8. 利用寒暑假，安排時間較長、不會接觸到網路的戶外活動。
9. 必要時，可以尋求學校導師、諮商輔導室老師、心理師、精神科醫師等專業人員的協助。

【第三章】

網路成癮的其他類型

「不是你玩遊戲，而是遊戲玩你！」
—電腦遊戲「武士傳奇」廣告詞

資訊超載

資訊超載的概念，最早是由艾文・托佛勒（Alvin Toffler）在《未來的衝擊》（Future Shock）中提出。網路時代，每個人都要處理太多電子郵件，隨時隨地收發郵件，根本沒有時間做正事，還會有資訊焦慮，對生活產生許多負面影響。

而且，網路資訊並非全是真實的知識，不可信的資訊卻讓大家信以為真，不斷轉寄和互相引用，以訛傳訛，造成知識的扭曲和困擾。

心理學家大衛・路易士（David Lewis）首先提出「資訊疲勞症候群」（information fatigue syndrome, IFS），包含焦慮、拙劣的決策、記憶不佳及工作滿意度降低等。對某些人而言，持續的失控狀況可能進一步導致無助、沮喪及耗盡感。

大衛・申克（David Shenk）在《資訊超載：數位世界的綠色主張》（Data Smog: Surviving the Information Glut）中提到，資訊過度飽和不但無法提升生活品質，反而會造成焦慮、迷惑、無知等情形；資訊處理的過度負荷更威脅到自我教育能力，造成社會中普遍存在的疏離感。

後續的國內外研究紛紛指出，資訊超載會對生理、心理及人際關係產生嚴重影響，其壓力可能造成心血管疾病發作頻率升高、視力減弱、困惑、挫折、判斷力減弱、同情心降低、過度自負等症狀。要如何減輕甚至避免資訊超載現象發生，是現階段相當值得探討的課題。

線上遊戲成癮

讓人廢寢忘食的網路遊戲

一位三十歲仍未就業的大學畢業生說，當完兵的他，足不出戶，整天窩在家裡上網練功。他在網路遊戲的等級很高，牽動其他人的戰鬥力指數，許多危險的攻擊行動，大家都會等他出現才開始。他選擇留下，因為其他隊友可能是蹺課、蹺班，或者犧牲陪家人的時間，跑來參戰，他怎麼可以棄眾逃跑？

某天，螢幕上的兩方大軍正殺得難分難解，其中一人傳出以下的訊息：「緊急！我要離開！我媽媽叫我去找工作。」沒想到，站在第一排的騎士回他：「你現在是堡主，沒有媽媽。」（《康健雜誌》第62期）

線上遊戲又叫做網路遊戲（online game），一般是指多名玩家透過電腦網路互動娛樂的視訊遊戲。有戰略遊戲、動作遊戲、體育遊戲、格鬥遊戲、音樂遊戲、競速遊戲、網頁遊戲和角色扮演遊戲等多種類型，也有少數線上單人遊戲。

網路成癮多半是從線上遊戲成癮開始，常見於年輕族

群，臉書上的「開心農場」曾蔚為風潮，可以在線上種菜賣菜，還可以去偷菜，連公務員都因為在上班時間偷玩開心農場鬧上新聞。但這股「開心」風潮最後卻讓很多人偷菜偷成仇，朋友反目，不再開心。

不過短短幾年，網友們紛紛收掉開心農場，投入憤怒鳥的懷抱；2013年則是全球一起「炸糖果」（Candy Crush）。這個遊戲已經讓數十億人沉迷，連面臨極大比賽壓力的NBA球星林書豪也淪陷，他在臉書貼文，表示自己卡在147關整整一周，讓他每天晚上睡覺，夢裡都是糖果球的圖像。

結合「手機遊戲」跟「臉書帳號」，「炸糖果」能在手機和臉書上同時玩，「跨平台」的創新作法抓住玩家的每個片刻空檔。發明這個遊戲的King.com公司執行長瑞卡多．札科尼（Riccardo Zacconi）說：「我相信（結合）三種主要平台（平板、手機、電腦），將改變人們今日玩遊戲的方式。」

至於多人線上遊戲的發展，遊戲的故事情節愈來愈複雜，例如以中世紀歐洲為背景的線上遊戲「天堂」，內容是王子為報殺父之仇，到遠方作戰的故事。遊戲中的角色都是帥哥美女，每個美女都穿著深V戰服，胸前半露，讓青少年玩家更加神往、耽溺。

線上遊戲的角色是一門學問，青少年玩家都可以娓娓道來，當然，遊戲愈複雜，玩家的成就感愈高，有些人甚至覺得遊戲世界才是真實的存在。十年前的遊戲「武士傳奇」有句廣告詞「不是你玩遊戲，而是遊戲玩你」，用來形容現今的現象仍然適用而貼切，說明在玩家的世界中，生活和遊戲已經分不清楚了。

目前世界上最多人玩的遊戲是「魔獸世界」（World of Warcraft,WOW），它結合了科幻和神話傳說為故事背景，兩大敵對陣營對戰，分別為聯盟與部落。聯盟由人類、矮人、夜精靈、地精組成；部落則包含獸人、不死族、牛頭人與食人妖。截至2012年，「魔獸世界」在全球已經擁有超過一千兩百萬名使用者，甚至可以組成一個國家了！

有學者研究指出，27%的「魔獸世界」玩家符合網路成癮特徵，影響了生活和健康。有趣的是，有50%的玩家承認自己上癮了，比學者的報告還多出一倍。這可能表示，許多玩家已經意識到自己的沉迷，而產生焦慮情緒，甚至擔心自己是否會失控，即使還沒有達到網路成癮的診斷標準。

另一種型態的多人線上角色扮演遊戲是「第二人生」（Second Life），這是林登實驗室（Linden Lab）開發的3D互動平台。有別於打鬥式的線上遊戲，「第二人生」著重社交與人際，發展出多種社群及經濟活動，就像網站所講：「第二人生不是遊戲，是第二個人生！」遊戲裡流通的虛擬貨幣可與現實中的美元兌換。這個「分享」又「開放」的競爭市場已超越遊戲，複雜度不亞於真實經濟體。

上「第二人生」網站就好像參加化裝舞會一樣，網站廣告詞不停催促你來參加，只要按下登入，就能進入舞會現場。你可以選擇自己想要的模樣、長相，選擇你要在哪裡過生活，就像過真實的生活一樣，可以在裡面談戀愛、生小孩，甚至可以在裡面玩iPad，繼續玩「第三人生」、「第四人生」……層層疊疊下去，於是你的人生就此沒完沒了。

電玩高手出頭天

根據美國娛樂軟體協會（Entertainment Software Association,ESA）公布的資料，美國2011年的遊戲銷售金額高達一百六十六億美元，約四千九百八十億台幣；玩家在遊戲上共花費了兩百四十七點五億美元，約

網｜路｜遊｜戲｜小｜常｜識

角色扮演（cosplay）

日語コスプレ，是costume play的簡稱，是日本動畫家高橋信之於1984年美國洛杉磯世界科幻年會時提出，指一種自力演繹角色的扮裝性質表演藝術行為。

cosplay通常被視為一種次文化活動，扮演的角色一般來自動畫、漫畫、遊戲、電玩、輕小說、電影、影集、特攝、偶像團體、職業、歷史故事、社會故事、現實世界中具有傳奇性的獨特事物（或其擬人化形態），或是其他自創的有形角色。

扮演者刻意穿著與角色對象類似的服飾，加上道具配搭、化妝造型、身體語言的模仿。現今網路上角色扮演的資訊愈來愈豐富精彩。在台北的公館、台大捷運站一帶，有時候會看到作電玩角色裝扮的年輕人，連講話、走路也學電玩角色，以扮演方式去體會並展現各個角色不同的性格。

七千四百二十五億台幣。

線上遊戲不僅成為蓬勃發展的產業，玩家們也隨之專業化，「打電動」也從過去的不良嗜好、不務正業的負面形象，搖身一變成為年輕人所稱羨的「電子競技職業選手」，他們月入三萬至十萬不等，擁有龐大的粉絲群，還能參加國際電競大賽，為國爭光。

2008年1月，「台灣電子競技聯盟」成立，並於全台進行第一屆職業電競選秀賽，選定「SF Online」及「跑跑卡丁車」作為第一屆賽事的比賽項目，三大職業電競隊伍「華義Spider」、「橘子熊」及「電競狼」正式成立。 近兩年，每個周末在電視台直播的「台灣職業電競聯賽」，收視率時有甚至超越SBL籃球聯賽及中華職棒，顯見其商業效益及受歡迎程度。

2012年10月，台灣代表隊「台北暗殺星」在美國舉辦的電玩「英雄聯盟」第二季世界錦標賽總決賽中，以三比一擊敗南韓隊伍，勇奪冠軍，電競話題旋即沸騰全台。捷報傳來，內政部考慮讓電競選手比照優秀體育選手服替代役；教育部也將研究讓電競選手比照國際奧運得獎者，開設特殊升學輔導管道；體委會則表示，2013年首屆亞洲室內暨武藝運動會在6月底於南韓仁川舉行時，將全力協助國內好手參加電子競技項目。

就在網路成癮比例不斷升高的同時，媒體也報導了職業電競選手的心路歷程：「這些選手除了天分，靠的是大量練習，平均每天要打上八小時，才能維持職業選手狀態。由於都還是在學年紀，電玩公司甚至和某些特定學校採取建教合作，就像體育班一樣，每周只上課一天，其餘時間都待在電腦前，而且必須住宿集中管理，一周只放假兩天。」

當遊戲變成了工作，是否仍具有網路成癮的特質？這就需要更多的研究來加以探討了。

你十分依賴網路嗎？不能上網的時候，你的情緒、心理會受到很大的影響嗎？千萬不要讓網路主宰了你的生活！

線上賭博成癮

新竹一名彭姓男子沉迷線上賭博遊戲，半年來慘輸六百萬元，輸到頂讓店面、賣跑車、跟親友借錢，於是控訴遊戲設計有問題，讓人降低警覺心，到後來就是怎麼玩怎麼輸。

彭姓男子這半年來耽溺於線上博奕遊戲，每次儲值都是兩萬元台幣，最多一天就輸掉十七萬元，最後輸光所有積蓄後，他呼籲大家「十賭九輸」，再也不敢玩了。（中天新聞，2011年03月10日）

每個人天生都有「賭性」，買大樂透或參加抽獎，就是一種賭博心態。誰不曾幻想過自己是超級幸運兒，大樂透中頭彩，從此鹹魚翻身，變成快樂大富翁呢？

知名俄國大文豪杜斯妥也夫斯基就是一個賭徒，他的作品被形容為「筆下的情節和角色直指人類在墮落之後的崇高、變態、邪惡、悲慘的原型」。這位大文學家賭博賭得很誇張，他的太太形容：「他一天幾次往賭場上去，把什麼可以輸的東西都輸光了。輸光後的他來到我的面前，哀求我給他最後一分錢。」文學家的太太又說：「我痛心的不是輸錢，而是他不再寫東西了，生活真是空虛得令人心痛啊！」

後來，杜斯妥也夫斯基大概聽進去這句話，就寫了一本《賭徒》，寫他如何賭博，算是半自傳性質的作品。

另一個很有名的賭徒叫作李比爾（Bill Lee），是華裔美國人，以賭博維生，後來輸掉畢生積蓄和房子，徹底破產，差點自殺。他去參加匿名戒賭團體，但因賭博慾太強，幾年之間進出團體好幾次。他曾經一度連續九十天天沒有賭博，那段時間「醒來時渾身汗濕，不停顫抖。強烈

的賭博慾讓全身彷彿被蚊子叮咬，再大的意志力也無法抑制搔抓的衝動」。成癮的程度如此嚴重，簡直跟吸食海洛英的「戒斷症狀」沒兩樣。

後來他終於戒賭成功，寫了一本書《天生失敗者》（*Born to Lose*），並到曾經幫助他的匿名戒賭團體協助其他人戒賭。

對李比爾來說，賭博，是逃避問題或擺脫惡劣心情的一種方法。至於杜斯妥也夫斯基嗜賭的理由，則有一個傳說。據說他曾參加政治祕密組織被俄國當局抓到，本來要判死刑，行刑前一刻，突然有飛鴿傳書免他一死，改成流放邊疆，他在那一瞬間「爽」到不行，後來就愛上這種類似賭博的感覺。不過這個傳說僅是傳聞，無法驗證。

人生如果在巨大的無望感之後突然有驚喜出現，就宛若賭博的快感。電影《越戰獵鹿人》中，美國大兵被越共俘虜之後被強迫玩「俄羅斯輪盤」，扣下板機碰運氣，看哪一輪上膛的槍沒有子彈，這是慘無人道的遊戲。但是生還者卻因為共同經驗，擁有同樣的創傷症候群，戰爭結束後又再次回到越南，繼續玩起這種遊戲。

在台灣，賭博是一種非法行為，但是網路上的賭博遊戲種類繁多，變成法令上的模糊地帶。線上賭博省去走到簽注站或賭場的時間和麻煩，還可以同時玩水果盤、21點、百家樂、吃角子老虎、德州撲克，有漂亮女模線上發牌，還有「明星三缺一」，頻頻呼喚「賭神換你做做看」，怎能不捧著大把的遊戲幣下注呢？

但是網路賭博不比樂透，輸贏起來很恐怖，尤其是我上班的雲林地區有很多低收入戶的家庭，男主人沉迷賭博，造成很多悲劇。一般人很難想像賭博的世界有多瘋狂，「賭博疾患」的問題又有多悲慘，一旦沉迷，最終是會拋妻棄子、家破人亡的。

所以，一旦發現自己或身邊的人開始沉迷於網路賭博，就要保持警覺，如果靠自己的力量無法改變，最好尋求專業人士的協助，早日脫離賭海，回歸正常生活。

醫｜學｜小｜常｜識

賭博疾患（Gambling Disorder）診斷要項：

1. 為達到所欲的興奮程度須增加賭博本錢。
2. 企圖減少賭博時會坐立不安或易怒。
3. 一再努力控制、停止、減少賭博皆失敗。
4. 生活幾乎都被賭博盤據。
5. 心情不好時常去賭博（如感到無助感、罪惡感、焦慮與憂鬱等情緒）。
6. 常因為想贏回損失而再賭。
7. 對家人、朋友、治療者隱瞞涉入賭博的事實。
8. 由於賭博而失去一種重要的人際關係、工作、或教育或事業的機會。
9. 賭博造成財務狀況極度惡劣，必須依賴他人供給金錢來紓解。

★以上情況若有四項以上符合，就可能是賭博疾患，急需專業人士協助。

網路性成癮

英國二十歲女孩貝姬．史蒂芬（Becky Steven），在過去的五年間，一共和四十名陌生男子發生性關係，她每天流連交友網站，到處認識網友，只要稍微聊得來，下一步就是約出來見面、上床，且絕大多數發生關係時，都沒有做「安全措施」。

像貝姬．史蒂芬這樣的案例，在英國愈來愈多，事實上，青少年在成長的過程中需要大量的「認同」感，不只來自家人、同學、老師，隨著心智年齡愈來愈早熟，更多且更容易產生偏差的，往往來自異性。現在，有愈來愈多的青少年，「性」的啟蒙與初體驗，都來自於網路世界，已經成為嚴重的社會問題。（《蘋果日報》，2012年4月20日）

Ashley Madison是美國一個非常有名的情色互動網站，主打情色聊天室，「她」的名言是：「人生苦短，譬如朝露，何以解憂，唯有網交。」簡直是新時代的「短歌行」。截至2011年底，該網站使用者已超過一千一百九十萬人，而且都是匿名的，光是看網站首頁就知道有多麼誘惑人。

所謂食色性也，《禮記・禮運》中有句名言：「飲食男女，人之大欲存焉。」情色在可控制的情況下是健康的，80%的線上情色活動可歸納為正當休閒，未衍生重大問題，有醫學界人士甚至認為線上情色活動能防止性病傳播、了解避孕資訊、探索健康的性。但還是有20%產生各式問題，包括強迫性的下載與瀏覽、每天花十小時在線上，甚至牽涉到網路性犯罪。

電影《鋼琴教師》改編自2004年諾貝爾文學獎作品，是奧地利女作家艾芙烈・葉利尼克（Elfriede Jelinek）的代表作，講一個在現實中非常壓抑的女鋼琴教師，私底下有許多令人髮指或匪夷所思的性活動，包括蒐集有體液的衛生紙、偷窺、有虐待欲與被虐狂，從這部電影或許我們可以了解為什麼會有性成癮。而在網路資訊如此發達的時候，取得性資訊更容易，許多人更難以自我控制而演變成網路性成癮。

如何區辨病態的線上性行為？學者珍妮佛・史奈德（Jennifer P. Schneider）提出，第一、失去了選擇是否停止或繼續此行為的自由。第二、雖然出現負面後果，仍然繼續此行為。第三、關於該行為的強迫性思考。

兩位學者大衛・戴莫尼可和傑弗瑞・米勒（David Delmonico & Jeffrey Miller）則提出線上性篩檢問卷（internet sex screening test, ISST）（參見，P84～86），共三十四題是非題，內容包括評估其強迫性、社交使用、私下使用、金錢花費、線上性活動的興趣、家庭以外使用、非法使用、一般性興趣等八類。

網路上的色情資訊非常氾濫，哈佛大學心理師瑪瑞莎・歐茲克（Maressa Hecht Orzack）指出，年紀較大或女性的成癮者，喜歡網路聊天室，匿名交換私密訊息，特別是性主題；年紀較輕或男性的成癮者，喜歡線上互動式角色扮演遊戲，以及瀏覽色情網站。

現今網路上有很多情色聊天室或情色視訊（hotchat）是跟真人互動的性活動，而且不限於兩人，同時開幾個視窗就像同時開幾個房間一樣熱鬧，男女主角可能還會私下約見面，「聖女變神女、網友變網交」也大有人在。

除了情色資訊之外，「網路外遇」也是造成網路成癮的原因之一。所謂網路外遇（不忠），指的是打破和現實生活中伴侶的承諾，無論情色的刺激是來自虛擬或真實世界。還有所謂的「虛擬性愛」（cybersex），是和另一個人在線上互動，以達到性滿足。

外遇可能只停留在心理層面，也可能牽涉到性愛行為，到底怎樣才算是出軌或外遇則見仁見智。有學者指出，性幻想對真實關係的威脅愈大，愈會被認為是背叛；幻想伴侶的好友為性愛對象，則比幻想電影明星更容易被認為是外遇。不論如何，網路外遇有愈來愈多的趨勢，而且已造成社會問題，《英國衛報》在2008年曾報導一個撲朔迷離的故事：

Taylor小姐和Pollard先生是一對網路情侶，雙方在「第二人生」中都有替身，分別是Skye（女方）和Barmy（男方）。Taylor小姐發現男友Barmy在「第二人生」中嫖妓，憤而結束兩人在網路中的關係。之後，Taylor小姐為了測試「前男友」Barmy是否依然忠貞，雇用了一個「第二人生」的私家偵探MacDonald，故意製造一個情色陷阱，結果Barmy通過考驗，兩人復合，並且在「第二人生」中舉辦隆重婚禮。在現實世界中，兩人也真的去登記結婚。後來，Taylor小姐意外發現丈夫和另一個「第二人生」中的女性談話曖昧，Taylor小姐難以忍受，於是向法院訴請離婚。

網際網路性愛篩檢測驗

請仔細閱讀每個陳述。如果這個陳述大部分是對的，請在左欄的「是」上畫圈；如果大部分是錯的，請在「否」上畫圈。

是	否	1. 我的網頁書籤中有一些是性愛網站。
是	否	2. 我每個禮拜花超過五個小時的時間用電腦搜索性愛相關的資訊。
是	否	3. 為了更方便獲得網路上的性愛資訊，我曾加入色情網站，成為會員。
是	否	4. 我曾經在網路上買過情趣商品。
是	否	5. 我曾經用網際網路搜尋工具搜索跟性愛相關的資訊。
是	否	6. 我曾為了網路上的情色資訊花了超過自己預期的預算。
是	否	7. 網路上的性愛有時會影響我現實生活中的某些層面。
是	否	8. 我曾經參與跟性愛相關話題的線上聊天。
是	否	9. 我在網路上使用帶著性暗示的名稱或暱稱。
是	否	10. 我曾經在使用網路的同時自慰。
是	否	11. 我曾經在自己家裡以外的電腦上瀏覽色情網站。
是	否	12. 沒有人知道我用我的電腦做些跟性愛相關的事。
是	否	13. 我曾嘗試隱藏我電腦裡或螢幕上的東西，讓別人看不到那些內容。
是	否	14. 我曾經為了瀏覽色情網站熬夜到半夜。
是	否	15. 我用網路來試驗性愛的不同層面（例如性虐待、同性性愛、肛交等）。
是	否	16. 我有一些性愛內容的網站。
是	否	17. 我曾經承諾自己不要再用網路來從事跟性愛相關的事情。

是	否	18. 我有時會用網路性愛來做為完成某些事情的報償（例如完成企劃案、度過了壓力十足的一天等）。
是	否	19. 當我無法用網路來接觸性愛資訊時，我會感到焦慮、生氣或是失望。
是	否	20. 我已經增加了我在網路上所承擔的風險（例如在網路上公開自己的真名或電話號碼、在真實世界和網友見面等）。
是	否	21. 我曾經為了用網路來滿性愛目的而處罰自己（例如暫停使用電腦、取消網路訂閱等）。
是	否	22. 我曾經親身為了感情的目的在真實世界面見網友。
是	否	23. 我在網路上對話時會使用較為色情的幽默或諷刺。
是	否	24. 我曾在網路上接觸到有違法之虞的性愛資訊。
是	否	25. 我相信我是個網路性成癮者。
是	否	26. 我不斷試著停止某些性活動，但是不斷地失敗。
是	否	27. 我會持續著我目前的性愛活動，儘管這些活動已對我造成問題。
是	否	28. 在我從事性愛活動前，我會很渴望，但是事後卻會後悔。
是	否	29. 我得常常說謊來隱藏我的性愛活動。
是	否	30. 我相信我是個性成癮者。
是	否	31. 我擔心人們知道我的性愛活動。
是	否	32. 我曾努力去戒除某種性愛活動，但是卻失敗了。
是	否	33. 我對別人隱藏了我的某些性愛活動。
是	否	34. 當我經歷性愛後，我常感到沮喪。

▲網際網路性愛篩檢測驗計分指引

1. 根據第1～25題答「是」的數量，參考下列解讀：
   - **1～8分**：你是屬於風險比較低的一群，但如果網路還是對你的生活帶來問題，你可以找專家來幫你做進一步的評估。
   - **9～18分**：你正身處網路性愛行為影響生活中重要領域的風險。如果你很在意你在網路上的性愛活動，也注意到了它所帶來的後果，建議你找個專家來幫你做進一步的評估，並協助你處理你在意的部分。
   - **19分以上**：你讓網路性愛行為干涉了你生活的重要部分（社交、職業、課業等）。建議你將你的網路性愛行為與專家討論，讓他們進一步評估並協助你。

2. 第26～34題是簡短版的性愛成癮篩檢測驗（sexual addiction screening test, SAST）。如果你在第1～25題答「是」的題數偏多，第26～34題亦是如此，表示你有更高的機會在網路上將性愛行動化（acting-out）。請注意，第26～34題要獨立計算，請不要計入前25題的統計裡。

3. 沒有任何一個題目可以單獨評定你是否有問題。評估者所要尋找的是行為的整體模式，這包括其他的資訊來源，來了解個案對網路性愛是否感到掙扎。例如逛色情網站或在網路上搜尋性愛相關資料，是很尋常的事，但如果配合有其他行為，就可能造成問題，需要注意。

註：問卷出處：《網路成癮：評估及治療指引手冊》（2013），金柏莉．楊、阿布盧（Kimberly S. Young & Cristiano Nabuco de Abreu），林煜軒等譯，心理出版社。

外遇問題一再考驗男女的大智慧，自從網路出現之後，親密關係和感情又變得更形複雜，試問，「第一人生」都不見得順遂，「第二人生」真的能經營好嗎？網路上也發展出抓猴軟體，可以監視另一半的線上行蹤，但你自己又可以忍受另一半的監視嗎？這種軟體難道不會演變成諜對諜而更傷感情？科技離不開人性，現代男女要如何經營親密情感，是最根本的永恆主題。

上｜網｜不｜上｜癮｜小｜常｜識

無法抗拒的虛擬魔法——網路六面向特質

戴莫尼可等學者曾提出「虛擬魔法」（cyberHex）模型，指出網路包含六個成分（6 "I" s）：迷醉性（intoxicating）、隔離性（isolating）、整合性（integral）、便宜性（inexpensive）、印象深刻性（imposing）、互動性（interactive），每一種成分都很吸引人而且強大，當六種成分結合一起時，就讓網路成為一種無可抗拒的魔法。虛擬魔法可以用來解釋虛擬性愛的威力。

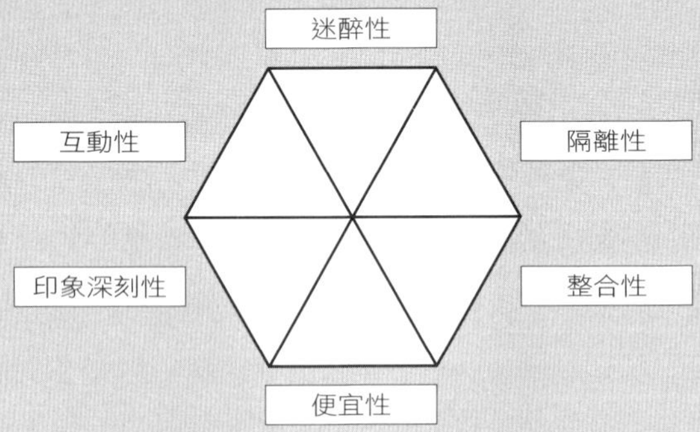

網路關係成癮

有人在成長過程中跟異性接觸時屢遭挫折，結果卻在網路世界裡找到一位真心接納他的伴侶——雖然這一切都是虛擬的。如果網路界有諾貝爾獎的話，理當頒給東京這位娶了電玩新娘的男子：

走在東京街頭，11月底才完婚的這名年輕男子，趁放假空檔帶著美嬌娘出門逛街，一路上經常停下腳步拍照留念，走累了，坐下來休息，兩人依然是手牽手，情話綿綿。被男子捧在手心裡的虛擬電玩人物就是他的新婚妻子！這場真人與虛擬人物的另類婚禮，在四十名現場親友以及三千多名網路觀眾的見證之下，順利舉行。

這真是匪夷所思啊，居然娶電玩人物當太太。電玩女主角叫作姐崎寧寧，男主角向她求婚時還能講出「我願意」！這到底是怎麼回事呢？當一個男性在成長過程中遭遇與異性相處的挫折感，對現實生活中的女性失去興趣時，只能在網路世界裡尋找可以真心接納他的伴侶，日本的虛擬情人就是在這樣無奈的心情下創造出來了。

「女僕餐廳」也反應了類似的心情。現實生活中，男女雙方的自主性愈來愈強，很容易就起爭執、爆火花，許多宅男於是夢想擁有一個「女僕」，在他自己的世界裡，女僕可以聽他講話、受他控制，也許是希望像媽媽一樣地溫柔照顧他。

網路關係成癮者多半是在現實生活中感到孤獨的人，或許是因為個性內向、不擅長言語表達，不知道如何交友，也或許是受限於人際網絡，身邊缺乏志同道合或觀念相近的朋友，所以一頭栽入網路的交友世界。網路世界無遠弗屆，不用出門就可以認識現實生活中絕對碰不到的各種有趣的人，不必在意自己的長相，不必擔心自己說話慢或害羞退縮，很多心事也可以透過鍵盤向網友傾訴，因為彼此見不到面，只以文字交流，感覺上好像對方正在電腦那端默默地傾聽。

有很多人在現實生活中沉默寡言，在網路世界卻是幽默風趣熱情活潑的花蝴蝶，讓人刮目相看。他們在現實生活中的孤獨感，在虛擬世界中得到發洩和補償。這是網路交友社群的正向功能之一。

或許因為如此，有些人變得過度沉迷於網路的人際關係，長時間使用網路交友平台，或整天掛在聊天室和其他人交流，將網路上的網友看得比現實生活中的家人、朋友還重要。對於現實生活中的人際關係，更加不願意花心思去改善，或學習溝通表達，於是更加深現實生活中的孤獨感受。

如果這份孤獨感跟渴望愛情有關，那就更麻煩了。許多網路族的宅男宅女，因為缺乏現實生活中的愛情經驗，很容易沉迷在浪漫愛情的想像裡，也容易在網路世界「識人不清」，輕易被愛情騙子所迷惑。

有一位某醫院前副院長的兒子，三十九歲，是經常假冒美國大學教授、律師等身分四處詐騙的通緝犯，他透過網路聊天室搭上一名單親媽媽。這個詐欺犯謊稱是美國軍火商在台代表，專做空軍導航雷達，把單親媽媽迷得團團轉，詐騙對方五百萬元。因台灣最近飛安問題頻傳，他必須四處開會，沒有辦法見面，之後又謊稱皮包遺失，要求被害人幫忙刷卡兩百多萬元，接著盜領被害人存款兩百多萬元，最後又拿走她的電腦、珠寶……，直到情況太誇張了，受害人才報案。（《蘋果日報》，2011年12月7日）

愛情的騙子到處都有，但在網路上更容易發生，如果是在現實社會裡，只有一面之緣的陌生人要詐騙不太容易，因為會看到本人，看到他眼神閃爍或有「邪氣」，也會感受到，但網路上每一個對象都可能使用假身分和假照片，該如何辨認？

有一位三十七歲未婚、在國小代課的女老師，在「愛情公寓」交友網站與一名自稱任職三軍總醫院的陳姓男子相識，對方表示工作忙碌，沒空交女友，因此還未結婚。交往時兩人僅見過兩次面，陳姓男子說他在海地協助地震災民，台北的父母卻生急病，希望女老師能匯款相助。女老師不覺有異，共匯五十三萬到陳男指定帳戶。後來女老師上三總網站查看醫師資料，看到照片天差地遠，對方還辯稱因為發生車禍有整形過，最後疑點實在太多才發現是騙局。陳男辯稱，向女老師借貸，但沒騙感情。女老師獲知後難過地說：「當時被愛情沖昏頭」。（《蘋果日報》，2011年4月15日）

「愛情公寓」這類交友網站是因應社會需求而產生，上班族工作時間太長，跟人互動或交友的機會相對變少，

許多人只好藉助網路。這類線上交友或紅娘網站的設計非常厲害，可以限定對方的年齡、身高體重、居住地區，並提供照片讓網友搜尋、配對。有人確實從中找到真愛，結成幸福伴侶，但也有小部分人遇上詐騙，遭致人財兩失。

宅男宅女容易沉迷於網路愛情的想像裡，要小心網路愛情騙子的陷阱喔！

【第四章】

網路成癮的不良後果

「如果可以再給我一次機會，
我願意拿我天堂裡的一切成就，
換回母親的生命……」
—「天堂」玩家

衝擊社交倫理

英國牛津大學教授巴若妮斯．格林菲爾德（Baroness Greenfield）說：「網路交友盛行且大家愈來愈常玩電腦遊戲，可能會大大改變人腦。」她認為，在網絡世界中逐漸擴增的「友誼」，就像是一個大型的網絡遊戲，已有效改變人們的大腦思維模式，造成使用者的注意力降低、渴望即時的滿足感、口語表達能力變差，只習慣透過電腦螢幕來溝通。

許多業界在徵才時發現，現代年輕人出現許多不合時宜、有違社交倫理的離譜情況，例如在面試時還在接手機、玩手機，或者提出「我等一下要趕場，可不可以快一點」的要求。面對這些跟現實世界禮儀脫節的天兵，主管們只能搖頭苦笑。

造成認同危機

網路普及後造成一種現象：大家不停在臉書發訊息、到處「打卡」、隨時隨地都要上網分享，期待別人來按讚，似乎要讓自己成為他人每天關注及仰慕的「小名人」。格林菲爾德認為，臉書及推特（Twitter）創造出虛榮的一代，他們自我迷戀、注意力短暫，而且像小孩一樣，渴望生活中大小事都不斷得到他人的回應。「彷彿是居住在不真實的世界，在這個世界裡，重要的是別人對你的看法，或是（他們是否）能點閱你。」

當一個人持續暴露在社交網站下，和蹣跚學步的幼兒一樣想得到關注和肯定，就像是在說：「媽媽，看我，我做了這個。」無形中是一種退化。當然這不見得是不好，不少偉人努力了一輩子，也是為了證明他是一個值得人家喜愛或崇拜的對象。但是，當這種需求失控了，上了癮，在心理學上就是一種「認同危機」，缺乏自我，很容易受到別人批評或外在刺激的影響。這種現象在青少年族群特別顯著。

延遲發展

網路成癮也可能造成「逃避面對面互動、延遲社交技巧發展」的情形。譬如青少年在學校跟同學吵架，鬧得非常不開心，或者在學校被老師罵，就逃到網路世界去，幻想自己變成一個人見人愛的英雄，但現實生活中的問題並沒有解決，延遲人格和社交能力的發展。也可能跟家人相處出現問題，就移轉注意力，到網路上尋求慰藉，跟家人愈來愈疏離。

高雄醫學大學顏正芳教授研究發現，父母有物質成癮者，青少年網路成癮的機會也較高，這也許跟先天體質和後天學習都有關係，可見網路成癮的問題背後還有其他難題需要去解決。

台灣的「填鴨式」教育方式也讓青少年更容易受挫。歐美的環境傾向鼓勵獨創性的想法，但是台灣卻恰恰相反，有獨特想法的青少年會受到較多責難，讓他們覺得學校很無趣，而逃向網路世界。

延遲睡眠症候群

沉迷於網路往往會熬夜，出現了「延遲睡眠症候群」（delayed sleep phase syndrome）。自從愛迪生發明電燈後，人類平均每日少睡了兩小時；七十年前電視出現後，青少年的睡眠又縮減了一小時；網路發明之後，又縮減一小時。研究顯示，西歐、北歐、日本及北美九個國家的青少年，與五年前相較，上床睡覺時間平均延後了一小時，導致睡眠不足。

偶爾睡眠不足，例如考前熬夜，對身體的影響有限；若是長期睡眠不足，累積太多「睡眠債」，可能造成認知功能和記憶力減退、粗心、注意力渙散、反應遲鈍、運動協調功能受損甚至幻覺，發生意外機率提高。根據德國和美國交通局近年來的報告，交通意外有60%與睡眠不足有關，而且比率有逐漸升高的趨勢。著名的重大意外事件，如美國三浬島核災、蘇聯車諾比核災，均有報告指出與工作人員睡眠不足有關。

另外，臨床研究指出，在長期睡眠不足下，人體內白血球之噬菌能力會大幅減弱，導致免疫系統衰退，造成病菌感染的增加、慢性病的惡化；睡眠時間不足六小時，罹

患心血管疾病的機率增加一倍，六十五歲以前死亡機率增加12%，可能引起全身系統病變，包括自律神經失調、肥胖、糖尿病、生長遲緩、荷爾蒙紊亂。網路過度使用剝奪了睡眠，進而損害了身心健康，已是必須高度重視的全民健康議題。

近年來，北美及北歐國家積極規勸學生不要為了上網而熬夜，但效果不彰，為了配合青少年的網路文化，已有部分地方政府要求學校上課時間往後延半小時，或另闢休息時間讓打盹學生補眠，避開缺乏效率的學習時段。

最近學者也發現，睡前使用平板電腦者，容易失眠，睡眠品質也差。原因是：在平板強光照射下2小時，褪黑激素的「濃度」會減少達22%！褪黑激素是我們睡眠生理時鐘的關鍵荷爾蒙，需要好好地維護它。

切記，平衡你的網路世界與真實世界。有限制的自由才能真的自由！

網路犯罪

根據內政部警政署的「犯罪預防寶典」，網路犯罪是以電腦作為犯罪之場所，如在網路上公然侮辱他人的行為；或以電腦作為犯罪之客體，如電腦駭客入侵他人網路系統並施放病毒。實際案例有以下幾種類型：

網路色情：國內之網路犯罪仍以網路色情為最大宗，如散布或販賣猥褻圖片、在網路上進行色情交易等。

網路上販賣違禁、管制物品：例如有人以「新的FM2藥丸，可快速睡著」為主題，在網路上刊登販賣訊息，違反毒品管制條例。

網路煽惑他人犯罪：網路是散播八卦訊息的利器，沒有人把關訊息的真假，有心人士只要將訊息張貼於網站、部落格、臉書等，便是將負面訊息或違法資料公布於世，可能間接造成他人不良行為或犯罪，以下即為一例：

某私立大學資訊系陳姓學生，在學校網站建立「無政府份子文件集」個人網頁，將各種炸藥製造方法、過程與威力的文章，轉載張貼於個人網頁上，供人觀看討論。此舉讓陳姓學生觸犯了刑法第153條第一款：以文字公然煽惑他人犯罪。

網路詐欺：網路使用者之間的詐騙、借貸事件，實在防不勝防。例如以下案例：

台北市警方接獲一封恐怖電子郵件，內容聲稱要摧毀台灣四棟大樓，引起有關單位和媒體重視。自稱是美國中情局長將來台迎娶的劉姓女博士立刻在自己臉書上發佈訊息，表示這起恐怖攻擊是針對她而來，並強調「我警告過了！大家都不相信我」！不但讓許多網友紛紛搖頭，就連警方也很頭疼，不知事件何時會落幕。（中廣新聞網，2011年9月16日）

誇張！黃姓男子透過網路聊天室尋找作案目標，謊稱自己是女算命師，可為女網友解惑，一旦被害人上鉤，便指對方是他上輩子的未婚妻，卻對他不貞，害他自殺，必須償還感情債，人生才會順利，竟然有兩名女子受騙上當。檢方後依詐欺罪嫌起訴黃嫌。（《自由時報》，2012年7月31日）

網路恐嚇：例如「千面人」事件，歹徒於網路上或以電郵方式威脅企業主支付一定金額，否則將在其產品下毒。高雄中信飯店也曾經接獲電子恐嚇郵件，表示若不遵從指示，將炸掉該飯店，但是後來並未有人前去取款。

網路誹謗與公然侮辱：隨著網路的盛行，誹謗罪與公然侮辱罪也明顯增加。就加害人來說，要誹謗或公然侮辱他人，比以前容易多了，原因是網路有快速散佈、大量傳播、成本低、匿名性高等特性。就被害人來說，網路則使傷害更加擴大了。

臉書起糾紛！就讀台中市同一所國中的張姓、孫姓學生，曾在學校起口角，張生因而在對方臉書留言辱罵「廢物」、「乞丐」，雙方相約29日深夜談判，孫生找蕭姓表哥等四人助陣，混亂中張生的左手肘關節及韌帶險遭砍斷，四名少年被依殺人未遂罪嫌移送。（《中國時報》，2012年7月31日）

網路妨害風化：2011年7月，某立委在個人臉書分享一段影片，片中他與一名打赤膊的光頭大叔在酒酣耳熱之際，伸出左手摳弄對方乳頭，還說了一些猥褻粗俗的話，

政治人物在行銷自己的同時，卻忘了網路世界也必須受到社會規範約束。當時東華大學副校長張瑞雄發表過一篇文章，呼籲大家「面對臉書、 君子慎獨」，在現實世界不該說的話、不該做的事，在臉書等社群網站就不可以說、不可以做。奉勸所有臉書的使用者最好徹底研究一下臉書的隱私設定如何操作，以免衍生不必要的麻煩。

網路有大量傳播、散佈快速、匿名等特性，使用不慎恐有惹禍上身之虞，使用者宜謹慎小心。

造成企業產能下降

國外研究顯示，企業員工在上班時間濫用網路，造成企業產能下降已超過數十億美元，是不可忽視的議題。國際企業如全錄公司（Xerox）、默克藥廠（Merck）、陶氏化學（Dow Chemical），都曾開除濫用網路的員工。美國線上（American Online）一項調查發現，有44.7%的員工坦承在上班時間上網打混，是雇主預估的兩倍。在員工因網路濫用被解職的原因中，瀏覽色情網站佔了42%。

台灣媒體也曾揭露，公務員上班時間在玩「開心農場」，荒廢公務，影響服務品質，被批判為「公務員種菜開心、攤商屋頂漏水傷心」。2009年，人事行政局指示，公務人員上網打混，除了口頭警告、書面警告外，最嚴重將可以提報公懲會議處。

美國曾經有個特殊案例。2006年，IBM公司職員詹姆士．帕參扎（James Pacenza）在上班使用聊天室而被解雇，他當時五十四歲，事後向IBM求償五百萬美元。他表示自己因參與越戰而有「創傷後壓力症候群」（post-traumatic stress disorder, PTSD），後來「引發了網路成癮」，根據美國失能法案，IBM應該為他提供「復健」，不能把他解雇！此案纏訟數年，到了2009年，才由紐約法庭判決IBM公司勝訴，該職員敗訴。

當然，愈來愈多的職場傷害，如工作壓力導致的精神疾病，甚至過勞死，在人權國家備受關切。有鑑於網路成癮的日漸普遍，勞資雙方都必須更注意到這個攸關權益的問題。

併發身心疾病

網路成癮容易合併精神疾病或精神困擾。早在2000年，哈佛大學心理師歐茲克即已指出：「憂鬱、社交恐懼、衝動控制障礙、注意力缺失是最常見的。有些則是合併其他成癮、物質濫用、躁鬱症、自殺，或暴力傾向。」

臺灣大學精神科林煜軒醫師與高淑芬主任在2011年發表的本土研究中，也發現網路成癮者常合併憂鬱、焦慮、睡眠障礙等疾患。

醫學期刊《刺絡針》曾刊載一篇有趣的案例報告：義大利有一名青年在某年夏天突然發生好幾次氣喘。他母親告訴醫師：「他以往在夏天不會發作。但最近女友與他分手，把他從臉書好友名單刪除，他換了帳號，重新加入前女友的臉書，卻發現前女友的男性朋友名單不斷增加。」醫師恍然大悟，要求青年每次上臉書時，戴上呼吸面罩來測量他的呼吸流量。果然，每當他登入臉書時，情緒就焦慮起來，呼吸流量驟降20%以上，氣喘因而發作。

還有所謂「手機幽靈振動症候群」(phantom vibration syndrome)，經常感覺手機有震動，但其實並沒有任何來電。研究發現，有將近七成的醫療人員有該症候群，發生震動幻覺的原因包含：醫學生或住院醫師習慣將手機放在胸前口袋、必須長時間攜帶手機、經常使用震動模式。這是工作性質所導致的結果。

林煜軒醫師及哈佛大學林聖軒醫師進一步發現，有嚴重手機幻覺經驗者，其憂鬱、焦慮程度顯著高於一般人。手機在醫療人員身上引發的身心問題，實在需要受到更多的關注與處理。

除了精神疾病或困擾，網路族通常也同時會有身體上的其他疾病或症狀，例如失眠或日夜顛倒、深層靜脈栓塞、記憶力衰退、注意力不集中、腕隧道症候群、眼睛痠痛、肩膀痠痛、癲癇症等。社會新聞也出現過類似個案，疑似因長時間坐在電腦前玩線上遊戲猝死的悲劇：

一名二十三歲年輕男子，在網咖熬夜連打二十三小時電玩後，被發現猝死在座位上，警方趕到驚見他全身僵硬，雙手向前伸，看似死前仍一手打鍵盤、一手握滑鼠，當時網咖內三十多名玩家卻渾然忘我，繼續瘋狂打怪。警方大嘆：「玩遊戲也不要這麼拚命吧！」警方研判，男子疑因體虛熬夜、長時間姿勢不變，加上天氣寒冷引發心臟病發猝死。（《蘋果日報》，2012年2月3日）

久坐不動、熬夜體虛，嚴重影響血液循環，尤其天冷時，心血管容易出問題，像這類過勞現象，過去常見發生在上班族身上，現今卻有不少網路成癮者，年紀輕輕就玩出毛病。專家提醒，每上網四十分鐘，就應該活動一下，如果有心律不整、心跳過速症狀，已經是過勞狀態，務必立即休息或就醫檢查。

長時間使用電腦的上班族最好戴上手腕護具；而網路遊戲的聲光效果，也可能造成癲癇的發作，雖然尚不多見，但癲癇症病友還是要小心提防。另外，對注意力不足或過動的青少年來說，網路遊戲的聲光刺激，可以讓他們持續注意力，更容易不知不覺流連成癮。

網路成癮可能分散注意力，引發嚴重意外事件，包括車禍。因此，政府在2012年5月30日立法開罰，若汽車或機車駕駛人遇到塞車或等紅燈的時候，把玩手機、電腦或其他類似的科技產品，導致有礙駕駛安全行為者，將處以罰鍰！

醫｜學｜小｜常｜識

認識「i症候群」

賴利・羅森教授於2012年出版《i症候群》（*iDisorder: understanding our obsession with technology and overcoming its hold on us*），提出大膽假設：網路與手機等科技已經把現代人搞成五花八門的病人，表現出各類精神疾病的典型症狀，如下：

1. 自戀型人格：例如有些臉書使用者習慣自吹自擂，沈浸在優越的幻想中，以博取他人崇拜的眼光。若被網友批評，就會產生自戀性的傷害以及憤怒。
2. 焦慮症、強迫症：若無法連線，就非常焦慮；隨時都在反覆查看手機訊息。
3. 網路與手機上癮：依賴手機或網路來獲取快樂、減輕痛苦，甚至有網友說，不需要酒精或古柯鹼，但是不能沒有網路！
4. 憂鬱症、躁鬱症：愈上網心情愈差，或愈上網情緒愈高亢不能自已。

醫｜學｜小｜常｜識

5. 注意力不足過動症：上網導致忙碌與分心，學習與工作效率差，還導致死傷意外。
6. 社交畏懼症、自閉類疾患：躲在螢幕後面才感覺比較安全，才能和對方溝通。但對此病而言，網路溝通也可能變成一種不錯的社交訓練。
7. 慮病症、佯病症、詐病：在網路上拚命收集疾病相關醫療資訊，增加慮病的災難思考，藉以獲取醫護人員或他人的關心，甚至額外利益。
8. 厭食症、身體畸形恐懼症：不斷和別人比較臉蛋或身材，認為自己過胖或醜陋，進而採取節食、催吐、手術等手段，還是一直覺得達不到理想。
9. 類分裂型人格、精神病性人格、妄想、幻覺：網路強化了怪異思考、社交退縮的人格；或是手機幽靈震動症候群，感到手機鈴響或者震動，一看卻沒有人來電，才發現是自己的幻覺。

10. 偷窺癖：除了喜歡窺探別人在網路上的情色內容，也包括對方私生活的紀錄、照片或影片，窺探講過的話、情緒的變化、家庭活動的細節等。

要如何避免？賴利．羅森教授建議現代人：

1. 重新設定自己的大腦。
2. 避免一再因科技而分心。
3. 適時暫停網路與手機的使用。
4. 不要太快回應簡訊。
5. 給自己充足的睡眠時間。
6. 適度放空自己、接近大自然。
7. 父母定期和孩子討論使用科技的狀況。

【第五章】

為何網路世界讓人沉迷？

「只有在玩遊戲時，小孩或成人才有創造力。
有創造力的感覺，
比什麼都更讓人覺得人生是值得活下去的！」
—兒童精神分析大師溫尼考特

網路讓人沉迷的原因

蘋果公司創辦人之一的史蒂夫・賈伯斯（Steve Jobs）曾說：「看電視的時候，人的大腦會停止工作；打開電腦的時候，大腦才開始運轉。」

不同於電視廣告的疲勞轟炸，使用電腦較有成就感，這正是網路讓人成癮的原因，而且網路的互動效果比較強，不僅讓大腦開始運轉，甚至停不下來。賈伯斯還說：「唯有瘋狂到認為自己能改變世界的人，才能改變世界。」網路發展至今，不僅已經改變世界，還讓人瘋狂。到底網路讓人瘋狂癡迷的理由何在？

網路世界讓人瘋狂的五種特性

彰化師範大學輔導與諮商學系的王智弘教授，歸納出網路有五種特性：

・**虛擬性：**退化行為、去抑制化、性與攻擊

現實生活中的種種禁忌、原始衝動，都可以在虛擬世界獲得滿足。個性強勢的家庭主婦，可能在「愛情公寓」裡用可愛小女孩的語氣和男網友說話；平時溫文儒雅的國文老師，可能在臉書中嘲諷怒罵、出口成「髒」，不再抑

制內心真正的感覺；好不容易等到休假的阿兵哥，衝去網咖裡瀏覽與下載色情影片，尋求性衝動的滿足；在學校裡被同學霸凌、被老師責罵的國中生，回到家裡立即開啟「絕對武力」（Counter-strike, CS）線上遊戲，加入恐怖份子，幹掉了幾十個反恐部隊隊員……。

法國意識流作家馬塞爾．普魯斯特（Marcel Proust）曾說：「真正的旅程只有一條，沐浴在青春之泉的方式也只有一種，不是探訪奇鄉異地，而是藉由別人的眼睛，透過另一雙眼來看世界。」大家常不喜歡現實生活中的自己，透過另一雙眼睛看世界，生活變得比較滿意，虛擬世界確實提供了這樣的機會。然而，在虛擬的過程中，是否變得更加迷失自我呢？

．匿名性：較高安全性、較多自我揭露、較低真實性

你住進一家飯店，接待與服務都非常糟糕，你看到房間桌子上有一張意見回饋表，電梯口有總裁信箱，二話不說，你立刻寫了封匿名信，狠狠地咒罵，然後丟進信箱，心中舒坦多了。但你平常可是溫文儒雅，不隨便發脾氣的人。網路世界的「匿名性」特質就是如此，使用者不需要使用本名，因此感到安心。

但有些奇妙的事情發生了。以《電子情書》（You've

Got Mail）這部電影為例，故事描述兩家書店老闆，在現實生活中都認為對方非常不友善，回家馬上進聊天室尋求知心網友訴苦，結果卻發現最投契的網友竟然就是對方，最後回到現實生活中結為連理，喜劇收場。

電影畢竟只是電影，在現實世界可就沒有那麼浪漫了。一對父女關係本來就不好，各自沉迷網路交友，某日女兒約知心網友見面，卻發現竟是自己的父親！原來這位父親是假扮網友好套出女兒隱私，攤牌後父女徹底斷絕關係！所以，不妨查一下網路上最好的朋友是誰，搞不好他就是你的老闆或仇人！網路世界「匿名性」的特質有優點，卻也暗藏恐怖。

．**方便性：**隨時可以上網

在無線網路如此發達的時代，幾乎無處不能上網。「方便」有正面的意義，例如遠距教學，透過網路視訊學習，學生不用遠渡重洋，只要在家裡就可以跟國外的學術單位互動，這是網路無遠弗屆的實例。但是方便造成的反例也不少，開車講手機不稀奇，甚至有人一邊開車一邊上網po訊息、收發email、看網路電視，造成交通事故。

．**跳脫性：**多元的溝通內容與形式、容易迷失目標

網路族大多有這樣的經驗：本來想上網搜尋資料，電

腦視窗邊欄出現低價特賣廣告，跑馬燈又閃過即時新聞，友人從線上通訊Line、What's App或Skype傳來的訊息對話框又閃個不停，誘使你點入其他不相干的網頁，忘記原本的目標。

網路上同時出現的資訊太多，使用者很容易就會迷失在巨大的網路叢林中，明明五分鐘可以解決的事情，卻因為無法專注於原先的目標，而浪費不少時間。

・自由性：沒有邊界、難以規範

奧立維・席曼博士描述網路世界：「一種以四海為家的感覺，自由，沒有邊界。」你可以在任何地方上網，也可以透過網路到達一個想像不到的世界，例如Google地圖可以查詢到世界各地的街景，甚至可以收看即時影像。

網路大大擴充人們的視野到無法親身抵達之處，甚至在網路遊戲裡，還創造出「虛擬觀光」，增加許多「新的」、並不實際存在的景點，讓遊戲玩家可以到處「旅行」。網路「沒有疆界」的特性重新改寫「世界」的定義。但相對的缺點則是難以規範，例如許多線上賭博網站或是情色網站主機都架設在國外，造成網路犯罪的死角。

數位產品滿足內在慾望需求

傳播研究的學者曾經探索過，電視、廣播、報紙、雜誌等媒體，為何引人入勝？他們以「使用與滿足理論」（Uses and Gratification Theory）來解釋。閱聽人會使用某種媒體以滿足個人與內在的需求，譬如求知慾、打發時間、可以和人分享訊息等。數位產品具有同樣意義，而且功能更廣泛、更強大。

- **內容因素：**即刻滿足慾望，不用延遲需要，非常令人著迷

美國心理學家大衛．格林飛德（David Greenfield）形容：「網路媒介是一種心理針筒，將內容（令人愉悅的遊戲、賭博、購物、性）打到我們的神經系統中。」而臉書、Google+、Twitter等介面，則讓上網者覺得自己隨時隨地和他人保持社會連結與認同、得到被讚許和被崇拜的肯定、享受到自戀的美好滋味。

格林飛德形容網路世界就好像「上帝之箱」（God in a box），再冷門的東西都可能找得到，再奇怪的想法都可以存在，甚至得到他人崇拜。只要連上數位產品，等於全世界最大的百科全書資料庫、最齊全的大賣場、最具聲光效果的遊樂園，幾乎所有疑惑都可獲得解答，絕大多數需

求都可獲得立即滿足，不必求人，不必等待，壓力也立即獲得紓解。

然而選擇愈多，壓力愈大；選擇愈多，愈容易迷失。人的慾望若獲得適度滿足，會感到快樂，但過多慾望，未必是人真正需要的，就像網路滿足了很多慾望，卻不一定使人更幸福。

· **程序／取得因素：**時間感扭曲、不停地期待下去而產生心理慣性

體驗個人的權力、幻想、使用面具，都是令人著迷的，類似一套設計精緻的報償機制，具有不可預測性、新奇性，使用者不知道網友會寄來或分享哪些訊息，造成期待感，因此隨時隨地收信，甚至啟動了潛意識的層次——自動化反應、時間扭曲、解離反應。有研究指出80%網路使用者會「忘了時間」，不知不覺一下子就過了兩個小時，這就是時間感的扭曲。

另外，網路有低成本、快速取得、匿名、隱密等特性，使用者容易把「虛擬世界」看得比「現實世界」還重要，影響實際生活，也可能導致心理慣性的出現，妨礙了問題的覺察。更重要的網路特性是「沒有終點」，每個遊

網路能滿足許多人對新知、訊息等的渴求，但網路仍舊不是生命唯一的重心，幸福快樂還是掌握在自己手上！

戲都沒有完結篇，每一齣戲劇都可無限延伸，到底何時可以停下來？網路裡的人生就這樣無限地延伸了，無法回頭。這叫做「蔡格尼效應」（Zeigarnik effect）—人總是對於未完成的工作有較多的動力，容易沉迷其中。

- **增強／報償因素：**不可預測性、間歇性、變動性，造成追求快感的動力

以杜斯妥也夫斯基為例，他因為政治因素被判死刑，在行刑前已經全身癱軟了，突然接獲「免死」消息，產生強烈的爽快感，這種快感造成日後去追求引發強烈情緒的刺激因素，變成賭徒。網路引起的興奮刺激感如網路遊戲、線上賭博，無法預測遊戲的結局，又可以同時打開多個視窗，涉入多場賭局，令刺激感加倍。

無法預測，比可預測更能帶來驚喜，增強更大動機，這就是賭博的魅力，符合心理學大師史金納（B. F. Skinner）的行為理論中，「不定比強化安排」帶來最強動機。

- **社交因素：**拓展社交圈，彷彿被許多人簇擁的感覺使人耽溺其中

根據社會學的「社會資本理論」（social capital theory），我們從經營社會關係上得到許多好處，可以累

醫｜學｜小｜常｜識

解離反應

一個人的意識、記憶、身分認同，或對環境知覺的正常整合功能遭到破壞，但這些症狀卻又無法歸因是生理因素出現狀況，就是解離。當解離作用發生時，人格會暫時性的失去其整體性，並呈現記憶、意識、自我認同上的變化，也有部分會合併憂鬱、焦慮等症狀。

蔡格尼效應

蘇聯心理學家布魯瑪・蔡格尼（Bluma Zeigarnik）發現一種現象：中斷而未完成的工作，比已經完成的工作更不容易遺忘。對此種現象的解釋是：未完成的工作，尚有追求的動機，在心理上，有想將之完成以滿足動機的傾向。因此，很多「未竟事宜」會讓我們有「意猶未盡」的感覺，對它念念不忘。

結婚前極為體貼的人，結婚後往往表現大異其趣，也可以說是蔡格尼效應。因為失去追求的動機，對伴侶就不再有興趣了。

積親情關係、朋友圈、認識的人三層社會資本。把時間花在臉書等社交網路上，同樣能夠經營這三種社會資本。

對於某些族群，網路可以幫助他們克服障礙，拓展社交圈，例如學習障礙、注意力不集中、自閉、社交焦慮、社交畏懼的患者，在現實生活中很難跟別人互動，但藉由

史金納行為理論的四種「強化安排」

1. 強化「比率」安排：行為發生某一定比率就給予強化，不論行為維持多久。

定比強化安排（fixed-ratio reinforcement schedule）	例如到線上購物網站消費五次，每筆滿一千元以上，就送折抵購物金一千五百元。
不定比強化安排（variable-ratio reinforcement schedule）	例如吃角子老虎機。 格林飛德指出，接收電子郵件時，我們不知道眼前的這封信是否帶來好消息，因此總是反覆查看，希望有大驚喜會發生，就像玩吃角子老虎機。智慧型手機的設計，更讓我們隨時隨地在尋找酬賞。

網路則可以減輕緊張，建立社交關係。

網路也讓人「成名」，普普藝術家安迪沃荷的名言：「每個人都能成名（不只）十五分鐘。」透過網路的互動，讓人不只成名十五分鐘，被關注的感覺使人耽溺於網路世界，好像被許多人簇擁著，使網路族更不願意回到現

2. 強化「時間」安排：強化在行為特定時間後給予，不論行為在其間發生多少次。

定時強化安排（fixed-interval reinforcement schedule）	例如在活動期間前往臉書頁面按「讚」一次，就能享有到店消費五折優惠；或者，到店消費並且當場在臉書上打卡，就能在當天換取高級冰淇淋一盒。
不定時強化安排（variable-interval reinforcement schedule）	例如網路論壇不定期開放權限二十四小時，讓免費會員驚喜地發現，自己竟然享有一般會員的全部觀看與下載權利。

實去面對實際的社交挫敗。

王智弘教授指出，網路的行為有一種「薄紗舞台效應」，大家在臉書或部落格都很喜歡暴露自己，也很喜歡去瀏覽別人的部落格，去窺探隱私，這同時滿足個人自戀、暴露自我或被偷窺的心理。

- **D世代因素：**網路族正是較年輕的數位世代，獲知訊息的速度較以往快

D世代指的是「數位世代」（generation-digital），這一代孩子從小就大量接觸數位產品，而許多父母卻對網路世界的情況了解有限，不知道小孩子是在上網做功課，還是網路成癮；D世代獲得資訊的速度也比父母快，以往是父母教育小孩，現在反過來是孩子上網搜尋最新知識來告訴爸媽，因此可能帶來家庭權力失衡的問題。

逃避自我與現實的人比較容易迷戀網路世界，要保有健康的身心才能上網不上癮喔！

網上君子可以塑造完美人際與自我

1. 去線索（cues filtered out）：去除負面資訊，呈現最完美的自己

「為什麼網路詐騙特別容易得逞？」「為什麼當事人得知事實後還是一味地否定？」在網路溝通研究中已經成為重要的主題。

現實生活中的人際溝通是「面對面」（face to face, FtF），「網路溝通」的學術用語為「電腦中介傳播」（computer-mediated communication, CMC），這是一種「去線索」的溝通方式。在現實生活中，人和人之間的面對面談話，充斥著各種缺陷，可能口吃、詞不達意、不少贅字、講錯話、表情和動作流露出反向訊息等等，使溝通效果大打折扣。而網路上的溝通，線索都是修正過的，而且可以容許非同步的情況，對方問了一個問題，你可以想一天，仔細修正每一句話，用最好的方式來回答，完美無缺地打到對方的心坎裡，將溝通變成一種正向回饋或正向行為。

因此許多人發出感嘆：「網友好溫暖，比身邊的人更了解我。」這也是網路戀情可以迅速加溫的原因，彼此都覺得對方是那麼地完美，願意支持和傾聽，很容易產生親密感，讓當事人投注強烈的感情。其實這是一種經過修飾和過濾的溝通方式，但當事人往往並不願意承認。

也有人用精神分析理論來看網路溝通，認為在網路上體驗到的親密關係，由於和現實生活完全切割開來，更容易理想化自己和對方，把對方負面、壞的部分濾除，這也部分迎合了早期自戀的型態，好像繼續維持退化、更拖延而不願面對現實，讓網路騙徒更有機可乘。

當然，網路溝通也有很多優勢。學者蘇珊・何林（Susan C. Herring）認為，網路具有即時性、互動性、非同步性、不受時間空間限制等特點，有利於突破傳統溝通方式的障礙，克服實際的溝通阻隔，打破國家、種族、語言和意識形態的界線。

但網路不受時間空間限制的特性，也造成許多問題。例如網路賭博，把賭桌搬上了網路螢幕，讓賭博更加失控，莊家可以同時架設上百個賭局，玩家也可以同時使用多台電腦，不像現實生活中只能逐一下注，而且網路賭博具有可近性、匿名性、便利性、逃避性、沈溺與解離、去抑制化、改變賭局頻率、互動性、模擬、去社會化等特性，賭徒會更加沒有顧忌地沉迷賭海，因此輸更多，造成更嚴重的後果。

2. **超人際互動**（hyperpersonal perspective）

美國傳播學教授約瑟夫・沃瑟（Joseph Walther）認為，透過電腦溝通可以是非個人的（impersonal）、人際的（interpersonal）和超人際的（hyperpersonal）。

「非個人的」狀態，是工具性的社會互動，例如：工程師透過Skype和國外總公司人員討論如何解決程式瑕疵。「人際的」狀態，則是一般社交關係，例如用Line傳文字訊息和以前的同事敘舊；而「超人際的」狀態，則是相較於面對面互動，當事者更喜愛用電腦來溝通，例如和網友一起在線上打魔獸，傳遞給對方戰鬥相關的訊息。

沃瑟認為「超人際」互動有四個特徵：（1）當事者同屬於一類，譬如都是遊戲玩家或線上賭客，彼此有相同的興趣；（2）當事者可以為自己塑造出更正面的形象，因此更有自信，譬如「資深美女」在臉書上放一張十八歲時的照片，和幼齒男網友進行互動；（3）線上互動可以創造更好的溝通方式，譬如費盡心思斟酌每一個句子，避免說出真話；（4）網路媒介形成一種反饋的迴圈，強化了彼此塑造出來的正面形象，譬如線上賭客認為自己是賭神，在幾次賭局裡都頗有斬獲，網友們也很吹捧，線上賭客處於絕不可能輸的正面形象中，因此毫不猶豫繼續掏錢下注。

跟面對面溝通比較起來，網路世界的「超人際互動」是一種更安全、更容易、更有效的溝通，容易掌控、可以隱形，可以減少社交焦慮，更容易操作和控制語言，去修正或拋棄不好的訊息，進一步促成比面對面更良好的互動關係。

3. 線上去抑制（失控）效應（online disinhibition effect）：透過匿名，可以盡情發洩自我

大家都知道，網友的發言通常很毒舌，充斥許多無聊的嘲諷、尖酸刻薄的謾罵、無的放矢的指控，把原始的慾望用匿名方式在線上盡情發洩。網友之間也經常會一言不和吵起來，但反正你看不見我，不知道我是誰，也傷害不了我，大家就更肆無忌憚，吵累了只要跑走就好了。

這種效應也不是完全沒有優點。網路上每一位「阿凡達」（Avatar）都是人人平等，不管你現實生活中的階級、財富、性別、年齡、種族如何，在網路世界都可以擁有自己一片天。你可以暢言夢想，也可以大吐苦水；你可以發表時事評論，也可以幻想自己是高官權貴、超級名模、世界冠軍。我們在現實生活中有許多無奈和限制，也學會許多壓抑自我的求生之道，有了網路，情緒有了宣洩

的窗口，奔馳的想像力也可以自由展現。

要注意的是，現在很多鍵盤族，整天沉迷在電腦前面，卻不走進真實人生採取行動。按再多的讚，不如一個真實的擁抱。網路世界的成就，如果無法用來改善真實的人生，還是虛擬的美夢一場啊。

網｜路｜小｜常｜識

阿凡達泛指虛擬身份

《阿凡達》是2010年度鉅片。提到這部電影，一般人可能會聯想到3D、科幻、黃山的風景、遙遠的人類幻夢等，其實這部電影跟「網路成癮」大有關係。電影散場後，大家有沒有發現，身邊的人──變成了「阿凡達」，透過電腦進入到另一個世界了呢？

到了今天，類似電影中的情節早已在我們身邊不斷上演：孩子放學後書包一丟，瞬間從人間蒸發到了「天堂」；先生下班後不急著吃晚飯，先到「魔獸世界」裡成為吃人的「食人魔」；媽媽記得餵「虛擬家庭」裡頭的小寶貝，卻忘了親生骨肉在嬰兒床上還沒喝奶。

《阿凡達》導演柯麥隆解釋「阿凡達」一詞的意義時說：「牠是印度教神祇以肉體形式出現時的化身。在這部電影中，這意味著人類未來的技術，可以將一名人類的智力注入遙控的生物身體當中。」

「阿凡達」現在已經成為網路學的一個正式用語，意指網路上的虛擬身分或網路遊戲中的替身。

網路世界充滿了美好的想像，令許多不可能化為可能，但是，水能載舟、亦能覆舟，成為阿凡達可以是美好的，也可能相當負面。據統計，目前約有10%的人在使用網路時出現問題，我身為精神科醫師，不得不提出即時的警告：任何美好的事物都會有人濫用，認識網路成癮、了解網路使用者到底發生哪些問題，已是刻不容緩的議題。

遊戲為何讓人上癮？

為什麼網路遊戲這麼受人喜歡，甚至成癮的地步？以線上遊戲為例，其中有許多角色扮演，從心理學的角度來分析，別有深意，如同兒童精神分析大師溫尼考特所言：「只有在玩遊戲時，小孩或成人才有創造力……個人才能發現自我。」

跟孩子互動時，正需要一點遊戲的感覺。心理諮商師如果直接問孩子念什麼學校、念幾年級，孩子可能不會理你，這時就要跟小朋友玩遊戲。最簡單的遊戲是塗鴉，你一筆、我一筆，透過遊戲的方式交談，慢慢地就可以從孩子的動作當中了解他的心理世界。網路遊戲對成人也是如此，透過遊戲，一點一點地發現自己。

在充滿艱難的現實生活中找回創造力

每個孩子一出生都是活在自我的世界，隨著年齡增長，才慢慢與外界接觸，學習適應世界，適應的過程中，總有挫敗。成人的世界充滿各種磨難與現實，舉例來說，經濟不景氣時，找工作難免不順，不能只抱怨時機太差，或一廂情願認為自己很優秀，一定會被賞識。關於現實世

界的挑戰與療癒，溫尼考特這麼說：「接受現實的工作永遠沒有完成的一天……，只有在不受挑戰的體驗的中間區域（如藝術、宗教等）裡，我們才能抒解這份緊張。」

網路世界的正面意義，是讓在現實社會中不斷挫敗的人，找到活著的理由，一如溫尼考特所講：「有創造力的感覺，比什麼都更讓人覺得『人生是值得活下去的』！」現實是殘酷的，找不到喜歡自己的理由，人會活不下去；透過遊戲發現自己仍有創造力，可以做點「不同」的事，人生才有意義。

神話和遊戲滿足了人性深層的需求

神話學的研究提及，社會總能創造一些新的神話，令大家著迷，不管是米老鼠、蝙蝠俠、魔獸、阿凡達或鋼鐵人，都是通俗文化中的神話。

約瑟夫．坎伯（Joseph Campbell）在《千面英雄》（The Hero with a Thousand Faces）中講說：「神話是眾人的夢，夢是私人的神話。」夢是一種潛意識的活動，我們可能會在夢裡面展現出我們的焦慮緊張，或者在夢裡面實踐我們最壓抑、最渴望的夢想，讓慾望得到滿足。

人是靈長類動物，人性和獸性兼而有之，當我們在現實中不那麼彬彬有禮或人見人愛時，藉由神話，我們可以得到認可，或者與神話有高度的類似性，所以坎伯說：「（英雄的）主題永遠只有一個，我們所發現的，是一個表面不斷變化、卻十分一致的故事。其中的神奇與奧祕，是我們永遠體驗不完的。」

而「叛逆」或「適應挫折」就是「成為英雄」的一個很好的主題，叛逆期對每個人都是不可或缺的，人生一定要有一次叛逆，青少年在青春期不叛逆，到年老就會變成老叛逆，也有些人中年才叛逆，想要離婚或離群索居。叛逆，是人類在尋找自主性的過程，遊戲和神話即滿足了人們對此的需求。

網路遊戲如「魔獸」、「天堂」一類帶有中古色彩、正邪對立傳說的遊戲，就是現代人的神話，讓人在夢以外的世界，展開自我的英雄旅程。

網路成癮者的心理特質

一位十八歲的線上遊戲玩家，每天花十八小時上網，幾乎睡不到幾個小時，已經嚴重到需要住院才能夠打斷上網的行為。醫師跟他互動之後發現他是低自尊跟社會退縮的人，但是他在網路遊戲「魔獸世界」中的角色是個薩滿巫師，「可以讓死者復活、召喚閃電」。案主在遊戲裡面才能進行他正常的社交活動，卻沒有辦法把網路遊戲中好的成功經驗複製到實際生活裡。艾利森（Allison et al.,2006，《美國精神醫學雜誌》）

並不是使用網路的人都會成癮。成癮行為的發生，當事人也會有一些特質或條件。根據研究，成癮者心理特質包括自尊較低、自我評價較不確定、人際關係較差、生活適應不良、家庭功能不佳。這些人比較容易藉由網路逃避現實壓力、尋求支持。

臺大醫院精神科林煜軒醫師與高淑芬主任，曾以北臺灣某大學兩千七百三十一位新生進行網路成癮的流行病學研究發現，睡眠作息屬於貓頭鷹型（晚睡晚起）、焦慮度比較高的大學生、家庭的支持較少，特別是沒有感受到母親關愛的孩子，比較容易有網路成癮的傾向。這份研究成果發表於2011年世界精神醫學會區域會議中，引起相當程度的重視。

國外學者研究則指出，若「現在自我」、「理想自我」或「遊戲自我」差距太大，就代表「真我」、「假我」落差太大，在現實生活中過得並不好的人，比較容易會有線上遊戲成癮的問題，如果能夠把線上遊戲中好的部分移轉到真實生活中固然很好，但這並不容易。

學者蘇芬媛將遊戲玩家分類為：1.自我肯定型：在遊戲中證明自我的能力，享受達成任務的成就感，滿足支配的權利慾望。2.匿名陪伴型：以不同的行為模式與他人互動，滿足自己想達成的角色及人物。3.社會學習型：透過虛擬社會從事社交，結合志同道合的戰友，學習更高階的程式。4.逃避歸屬型：做真實世界中違反社會道德規範的事，暫時逃避現實。

就人生階段來歸類，青少年（九到十六歲）最常有網路成癮的問題，機率是成年人的兩倍。原因是，青少年正在建立認同，包括對於同儕、性別角色、宗教、國家、角色、偶像、自我等。遇到認同混淆時，他們會缺乏自我、缺乏歸屬感，不知道要做什麼，也不知道自己應該在世界的哪個位置上，很容易受到別人批評或外在刺激的影響，就到網路上尋求滿足。要特別留意他們是否有憂鬱、尋求感官刺激、低自尊、害羞、注意力不集中，或合併情緒、焦慮、注意力不足過動、物質濫用等狀況。同時，如果缺乏自我控制的認知與情緒能力，很容易變成線上遊戲的高危險群。

另外，對親密感的不同需求，也讓青少年迷戀網路。如果一個人從童年開始，累積的是脆弱的自我感覺，包括羞澀、內疚、自卑或疏離，就會害怕在親密關係中失去自己（失去掌控感）、害怕依賴、害怕被拒絕，或害怕獨立。曾經在親密關係中受傷害而有陰影的少年，會逃避現實生活中真正的關係，寧願匿名在線上跟異性朋友互動，一旦感到被拒絕，隨時可以逃跑；如果察覺到對方有依賴感，自己卻不想繼續，就直接離線；有些青少年則是害怕獨立，到網路世界尋找友伴。

青少年的線上性活動可能出現的隱憂為：缺乏成人健康知識、缺乏管束、心理發展未臻成熟（冒險、好奇、決策能力、問題解決能力）。青少年是最容易受到犯罪者性剝削的危險群，包括在網路上和陌生人交談情色話題、援交的誘惑、使用網路進行性騷擾等。

大學生所遭遇的狀況，與青少年又有不同。隨著年紀進入成年人的範圍，大學生的自主性更高了。離家住宿的大學生，父母親不能再耳提面命，繼續住在家裡的，門鎖得更緊，不讓父母干涉他們的網路行為。即使學校老師或輔導人員有心宣導，他可能繼續躲在宿舍或房間裡打線上遊戲，拒絕任何改變。

大學生更注意面子問題，對於人際社交害羞者，繼續在虛擬世界中尋求網友提供的文字溫暖；不善於與異性互動者，繼續在色情網站或情色聊天室中，狩獵五光十色性的替代滿足。且大學生經過國小、國中、高中的網路「歷練」，沉迷網路的年資一路增加，嚴重度也逐年加重。

其新是某國立大學機械系一年級的學生，因為沉迷網路，無法專注在課業上，學校老師也很難聯絡上他，一直到了被退學那天，他才發現事態嚴重！即使過了半年，他再度考回學校，還是常常翹課，打工賺了錢，就跑去泡網咖。家裡窮，父母不給他辦手機，家中只有一台電腦，但他一碰到電腦就立刻上臉書、玩線上遊戲。其新知道，爸爸是瓦斯工人，每天加班扛瓦斯辛苦賺錢，期待他專心讀書，但他專心上網打怪，日復一日地說謊，甚至偷媽媽的錢去網咖。其新覺得，就好像有一隻魔爪從電腦伸出來，把他綁架到那個虛擬世界裡……。

想一想，不上網的時候可以做些什麼呢？培養多元興趣、到戶外活動，適時使用網路與科技，才是不斷電時代的王道！

網路成癮的理論

育嬰室。門牌上寫著：新巴夫洛夫條件設定室。

主任一到，護士們立正，挺直了身子。

把書擺出來。他簡短地說。護士們一聲不響，服從命令，把書在花盆的行列之間排開，一大排幼稚園用的四開本大書翻了開來，露出了一些色彩鮮豔的鳥兒、野獸和魚的圖畫，美麗動人。

現在把孩子們帶進來。

護士們急忙出了屋子，一兩分鐘之後每人推來一輛車，車上的四個鋼絲網架上各睡了一個八個月的嬰兒，長得全都一模一樣。

現在讓他們轉過身來看見花朵和書籍。

嬰兒們一轉過身就不出聲了，都向一叢叢花花綠綠的顏色和白色書頁上鮮豔耀眼的圖像爬去。嬰兒隊伍裡發出了激動的尖叫，歡樂的笑聲和咕咕聲。

爬得最快的已經快到目標了。小手搖搖晃晃伸了出來，摸著，抓著，玫瑰花變了形，花瓣扯掉了，書本上有插圖的書頁揉皺了。主任等待著，趁他們全都快活忙碌著的時候，同時舉起手發出了信號。

站在屋子那頭儀錶盤邊的護士長，按下了一根小小的把手。

一聲猛烈的爆炸，汽笛拉了起來，聲音愈來愈刺耳，警鈴也瘋狂地響著。

孩子們震驚了，尖叫了；臉兒因為恐怖而扭曲。

主任再揮了揮手，護士長按下第二根把手。嬰兒們的尖叫突然變了調子，發出的抽搐叫喊中有一種絕望的、幾乎是瘋狂的調子。一個個小身子抽搐著，僵直著，四肢抖動，好像有看不見的線在扯動他們。

再給他們花和書。

護士們照辦了。但是玫瑰花、色彩鮮豔的小貓、小雞和咩咩叫的黑羊一靠近，嬰兒們就嚇得閃躲。哭喊聲突然響亮了起來。

——阿道斯・赫胥黎

《美麗新世界》（*Brave New World*）是赫胥黎（Aldous Huxley）在1932年發表的小說，影響後世甚鉅，書中用諷刺驚悚的手法，述說科技進步後，人類並沒有因此活得更好，反而出現更多科技的惡，以及行為控制造成的偏差。上述引文裡的孩子經過人工授精後都是非常優良的品種，他們將被區分為不同等級，有一些等級設定一生都要認真工作，經過育嬰室的恐怖訓練，他們長大後，一輩子都會好好地在工廠內工作。

人們永遠都是「追求快樂、逃避痛苦」，《美麗新世界》提到：人們都幻想烏托邦的存在，如果社會上的每一個人都全心全力為這個烏托邦打拚，營造出一個集體主義的新國度，大家會更幸福嗎？《美麗新世界》一書中，引用大量的行為學派理論，這也是在網路成癮研究中，最重要的理論。

行為學派：「正向增強」的上網快樂和「負向增強」的現實挫折，讓人很容易就迷戀上網路的世界。

行為學派的「正向增強」理論，是一種拉力，在網路上的愉快經驗，會讓人一再上網；「負向增強」則是推力，某些讓人不悅的感覺，如生活中的挫敗感，把人推離現實，透過上網玩樂、交友，忘記煩心的事情。在拉力和推力下，更容易進入到網路世界。

行為學派最經典的動物實驗，是把實驗設計成當老鼠按壓桿子時，大腦可獲得愉悅的刺激，老鼠不停按壓設計過的桿子，以尋求更多的快樂感受，每小時可以壓桿七千

次以上，飢餓與口渴也無法讓牠們放棄。沉迷的公老鼠會忽略發情的母老鼠；母老鼠則會拋下嗷嗷待哺的小幼鼠，研究人員必須把母老鼠帶離壓桿，小老鼠才能獲得餵食。

這個研究顯示，當追求快樂到上癮的程度時，動物（包括人類）會不顧一切，哪怕食物跟水就放在旁邊，也無暇吃喝。這也是為什麼有人連續上網幾百個小時，最後餓死在電腦旁。

補償理論：在現實生活中缺什麼就在網路上尋求補償。

「補償」也是網路成癮很重要的原因，在現實生活中缺什麼，就在網路上補什麼。例如台灣的教育制度，不鼓勵社交與自我認識，考試成績是評價學生的唯一標準，很多學生只好轉而在網路上尋求精神補償，包括自我認同、自尊、社交網絡。有些孤單的學生因為親密關係困難，便匿名在網路上和人互動、培養熟悉感、社群認同感，而不用顧忌隱私。哈佛大學歐茲克教授指出：「有些人要刺激、要新的認同感，有些人要紓壓，有些人則是想找朋友。有些人覺得這裡（網路）有歸屬感。事實上，他們都是孤單的人。」

認知行為模型：低自尊→負面思考→啟動「心理逃亡」，躲避真實世界→網路的強迫性使用。

一個低自尊、對自己沒有信心的人，在面對現實生活中課業、人際與家庭的衝突時，習慣啟動負面思考、災難化思考，總是以偏概全，讓情緒更低落，在谷底久了，可能乾脆展開「心理大逃亡」，逃離種種的不快情緒，躲到網路世界，甚至演變成強迫行為，難以回頭。

學者李察．戴維斯（Richard A. Davis M.A.）區分「病態網路使用」（pathological internet use,PIU）為「特定型」與「一般型」。特定型為過度使用或濫用網路的某些功能，例如賭博、投資、色情等；一般型則偏好虛擬、網路溝通的脈絡，規避面對面的人際溝通。

中國大陸學者陶然等人，在《網路成癮探析與干預》一書裡，依據類似概念提出「神經心理模型」：上網獲得欣快體驗後，逐漸麻木，因此需要反覆使用，產生耐受性，用量愈來愈大，沒用時身心不適，即戒斷反應，以逃避方式應對，加以原始驅力（攻擊、性衝動）與複合驅力（想擺脫低自尊、獲得成就感）的作用，繼續依賴上網解決內心衝突。

上｜網｜不｜上｜癮｜小｜常｜識｜

什麼是「病態網路使用」？

學者研究發現：

1. 和非人際的線上活動相比，即時通訊與聊天室，最能夠預測日後青少年是否有病態網路使用。
2. 從網路關係而非面對面關係獲得群體感者，病態網路使用程度較高。
3. 和習慣用網路聯絡親友者相比，慣用網路交友者，有較高病態網路使用分數。
4. 自傷的青少年使用網路聊天室的比率，為一般青少年的兩倍。
5. 和一般人相比，精神分裂症患者較常使用網路進行人際互動，而非實際互動。
6. 社交畏懼和病態網路使用呈現正相關。
7. 線上社交與自尊心、生活品質的相關性，會受到網友正面或負面評價的影響。

神經科學：位於腦部基底的報償迴路神經傳導受體如果活動較差，容易出現物質成癮。

從「喜歡上網」到「網路成癮」，已經是「需要甚於喜歡」了。重度網路成癮者習慣於「多巴胺活動的增加」，而非僅僅是偏好某些物質或行為。

腦部造影的研究顯示，賭博與電玩刺激了內側前腦束「報償迴路」，使腹側被蓋區目標區釋出大量多巴胺，因而帶來欣快感，和使用毒品或某些藥物、性高潮所帶來的腦部反應相似。這開啟了對於成癮的生理研究。

柯志鴻醫師帶領的本土研究團隊在2009年發現，與一般人相較，遊戲成癮者在看到遊戲相關圖片時，腦中有幾個區域明顯活化，包含右眼眶額葉皮質、右背側前額葉、右依核、右尾核、兩側扣帶迴與內額葉皮質，這也是物質成癮常見的活化區，行為成癮和物質成癮的渴求衝動，可能有類似的神經生物機轉。

中國2011年一項研究指出，長期使用網路而成癮的青少年，背側前額葉、吻端扣帶迴、輔助運動區等處灰質（神經細胞）逐年減少；在海馬迴旁腦回白質神經纖維束，較一般人顯著減少，內囊後側支則較一般人增加。另一項運用賭博遊戲刺激的研究，發現網路成癮者贏的時

候，眼眶額葉皮質活化較一般人增加，輸的時候，前扣帶迴活化較一般人減少，表示網路成癮者對報酬較敏感，但對失落較不敏感。

以上證據充分顯示，網路成癮並非只是心理問題，更牽涉到大腦功能、甚至神經結構的改變。

另有研究指出，若帶有D2型多巴胺受體Taq IA A1對偶基因，腹側被蓋區目標區的多巴胺訊號傳遞較少，比較可能出現各種物質成癮現象，諸如食物、藥物、酒精，行為成癮的風險也較高。

這表示，神經傳導活性太低也可能導致成癮。臨床上發現若心理上的報酬不足，容易呈現煩悶感、鬱悶感、空虛感、麻木感，進而往飆車、毒癮、賭博、性濫交、高刺激性的網路遊戲等行為發展。也許此族群腦部天然愉悅物質（如多巴胺、腦內啡）活動不足，產生「報酬不足症候群」，較容易成癮，且需要很強的刺激才會有快樂。

醫｜學｜小｜常｜識

什麼是報償迴路？

腦部的一些分區，因負責報償相關功能，而有互相之聯繫。報償迴路全部位於腦部基底沿著中線分布，包括腹側被蓋區（ventral tegmental area）、依核（nucleus accumbens）、海馬迴（hippocampus）、杏仁核（amygdala）、內側前腦束（medial forebrain bundle）、中隔（septum）、前扣帶迴（anterior cingulate cortex）、前額葉皮質（prefrontal cortex）、眼眶額葉皮質（orbitofrontal cortex）。牽涉的神經傳導物質包含：興奮性的多巴胺（dopamine）、麩胺酸（glutamate）；抑制性的GABA（r-aminobutyric acid）、腦內啡（endorphins）、血清素（serotonin）；以及其他。

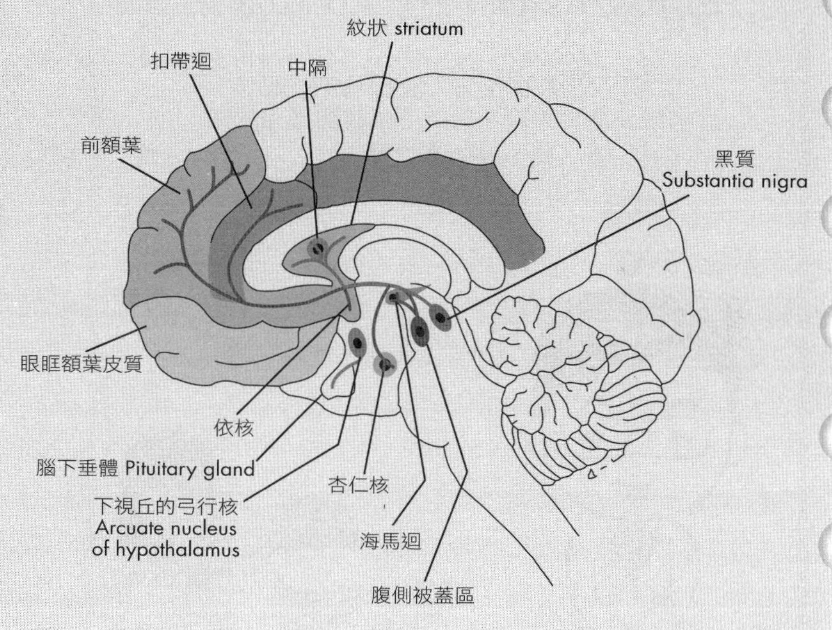
大腦內側剖面圖
紋狀 striatum
扣帶迴
中隔
前額葉
黑質
Substantia nigra
眼眶額葉皮質
依核
腦下垂體 Pituitary gland
杏仁核
下視丘的弓行核
Arcuate nucleus
of hypothalamus
海馬迴
腹側被蓋區

【第六章】

網路成癮如何治療？

「二十一世紀的文盲，是那些不能學習、
忘卻所學及再學習，以及不懂資訊運用的人。
這是個不能斷電的時代。」
—艾文・托佛勒，《第三波》

如何與網路成癮者會談？

在百貨公司擔任保全的二十四歲李姓男子，周六下班回家就在房間玩網路遊戲，玩到隔天清晨還在玩。母親起床看到，好言關心：「玩了一整夜，休息一下。」李男不甩母親，一直玩到中午十二點，母親上樓叫他：「不要玩了，趕快下樓吃飯。」李男反嗆：「我難得休假，玩一下有什麼關係，妳很煩耶，管真多！」母親氣得趨前欲拔電腦的電源插頭，李男竟大吼：「妳敢拔插頭，我就打妳！」(《蘋果日報》，2011年5月7日)

孩子為了網路遊戲打母親？在世俗眼光中是不可思議的，但網友的回應卻呈現了另一種心情：

「這要看遊戲的屬性，像『天堂』那種打怪打到一半，把插頭拔掉，經驗值會有懲罰，尤其是好不容易練到高等人物，是禁不起這樣死一次的。」

「他從星期六開始練功，到星期天中午的努力，就前功盡棄了。這時候，人的反應只能形容為：絕望。」

——godofmoon（月夜）之銘言，PTT Gossiping版

網友的回應顯露了對玩家的理解和同情。類似的家庭糾紛隨著科技的發達似乎愈演愈烈，問題的複雜度更高，更難治療。臺灣精神醫學會理事長周煌智醫師說，若子女上網，父母突然強力制止，常爆發不可預測反應，他認為父母應當「勸說、溝通，避免衝突擴大」。

要治療，先要有信賴的關係，會談技巧相當重要。千萬別在會談一開始，就急著想要「導正」，與其對立，不如自己先試著進入網路世界，站在同一陣線當朋友，了解個案為什麼沉迷其中，別劈頭就要他們改變，或正經八百切入「治療」，那只會讓人想逃。

動機式晤談法：營造一個友善舒適的氛圍，讓案主自己產生會談動機

與其急著打破案主的思維模式，逼他們改變，不如營造一個讓人放鬆的友善氛圍，讓案主「自己想談」，因為只有自己想講的，才是真話，反之多半都是否認、說謊，讓會談陷入僵局，問題變得更嚴重。

可以主動問他：「你喜歡玩什麼遊戲？你打到什麼等級了？你有很多角色嗎？你在哪個聯盟或部落嗎？你的部落狀況怎樣？有多少人？你一個禮拜參加幾次戰役？你都

什麼時候打？……」以誠相待，主動先了解他的世界到底長什麼樣子。

開放式問句並給予肯定：同理對方的想法，肯定好的部分

與其否定網路世界，不如找出可以肯定的正面優點，而且在同理的過程中，馬上給予好的回應，肯定他們。例如可以問案主：「你最喜歡玩什麼？不喜歡玩什麼？」、「開始有網路遊戲後，你的生活有什麼改變？」針對他的優點讚美。如果他已經打到84級，可以回應：「哇！那麼厲害！可以打到這麼高的等級。」有良好的互動，才能展開更積極正向的對談。

反應式傾聽：簡述聽到的話，掌握對方說話的重點

這是一種很重要的溝通技巧。可以讓對方知道我們一直在聽他說話，而且也聽懂了他們所說的話。但是反應式傾聽可不是像鸚鵡一樣，對方說什麼你就重覆什麼，而是應該用自己的話，簡要的述說對方的重點。比如：「你說你打到很高的等級，聽起來你對這款遊戲很投入喔！」反應式傾聽的好處是讓對方覺得自己很重要，能夠掌握對方的重點，對話才不至於中斷。

避免當面指責、質問

很多網路成癮者會先否認自己有成癮的問題，他們認為這只是上網娛樂，因此，不要太急著指責對方：「你為什麼不改一改？你都快被退學了！」這樣講是大忌。成癮的治療，步調要慢，要長期陪伴，不可能只看一次醫師，做一次晤談，就解決所有問題。成癮治療是長期的工程，學習了解對方的世界，彼此成為一個團隊共同努力，才是最重要的態度。

陪伴案主度過矛盾期

成癮者是矛盾的，他們知道自己的行為就像吸毒，是錯誤的，但是他們無法承認自己「有問題」。在陪同治療的過程中，與其設想他們「知錯能改」，不如務實地承認「不想改變是正常的」，陪伴他們先度過這段「知道自己不對，卻不願意承認」的矛盾期，畢竟，改變之路是漫長的，需要時間，需要許多過程。

線｜上｜遊｜戲｜小｜常｜識

常見的電子遊戲術語：

- **掛機**：指經由程式輔助控制遊戲中的角色活動或練功（玩家不需在場）的行為，現已延伸至大部分的網上行為。
- **小白**：行為不符一般老練玩家習慣，或造成他人困擾者。
- **打錢工**：遊戲目的是能夠在虛擬貨幣及虛擬寶物的交易中，獲得真實世界金錢，這類玩家就叫打錢工。
- **大腿**：或稱抱大腿、求大腿，泛指弱者依附強者的行為。
- **坦、坦克**：tank，或稱「盾」，指在遊戲隊伍中負責吸引怪物火力、承受攻擊的角色，通常是隊伍中防禦最高的角色。
- **補、奶媽**：healer，指具有為他人補血能力的職業。

- **嘍囉、怪物**：英文mob、mobile、monster的直譯，指遊戲中對玩家角色有敵意的生物。
- **打怪**：殺死怪物以獲得經驗值、虛擬貨幣，以及其他各種報酬。
- **拖火車**：pulling，或稱「拉怪」，常指遊戲中拖一群怪的行為。
- **放風箏**：Kiting，又稱「拖怪」，打怪的時候，持續和怪物保持相當距離，用以把一部分的怪先拖走的策略。
- **轉圈打怪**：用於帶練等級低的玩家的打怪技巧之一。

如何協助網路成癮者？

統整原則：並非強迫戒除上網，而是合理上網、控制上網。

治療者可以先幫助案主設想：「不上網的時候可以做些什麼。」重點不是限制個案上網時數，而是協助他回到現實生活的常軌裡。

成癮治療常遇到困難，雙方會有很多挫折感，但是治療者還是要堅定信念：所謂治療，並不是強迫地戒除上網，而是合理上網、控制上網，重返現實，協助案主能夠統整真實和虛擬的世界。

在如何與成癮者溝通上，學者特克爾（Susan Beckwitt Turkel M.D.）甚至提倡直接與個案在虛擬世界碰面。他認為如此一來，將更了解網癮者的內心。

目前並沒有透過線上治療成功的案例，但至少這個模式不會把問題搞得更糟，畢竟在網路世界以正面的角色出現，也許案主會覺得治療者更了解他，更願意一起來思考戒除。

認知行為療法：調整認知與行為，減少原來的上網行為。

目前，認知行為療法是治療網路成癮的重要方法，此療法有非常多的方案，甚至能針對高危險情境設計因應之道。例如有案主成癮較嚴重時會大發脾氣，或被同學取笑、被老師批評就逃到網路世界裡去，治療者就可以針對這些情況寫下因應步驟的提示卡。

認知行為療法中幾個要項，對於提升時間管理和社交技巧方面很有助益：

1. **逆向操作**：把上網改成回家後第二或第三件事情，例如先吃完晚餐、看新聞，再去上網。
2. **外在停止器**：用鬧鐘或電腦定時提醒程式，叫自己停止，或定時關機。
3. **限制時間**：設定每週或每天使用時數。
4. **列出事情的優先順序**：重新安排日常生活的節奏。
5. **使用提示卡**：把網路好處與壞處寫在卡片上，然後貼在電腦旁；或列出五項網路成癮帶來的壞處、戒癮的五項好處、高危險情境因應策略等。
6. **活動日程表**：提醒自己不要因為上網而忽略其他活動。

另外，認知行為治療「第三浪潮」──「正念療法」（mindfulness）──已知能有效減少成癮行為，是相當有潛力的治療方式。

平日把一些提示的步驟寫成提示卡來，遇到故態復萌或猶豫不決的時刻，拿出來看一看成癮的壞處，就會知道要怎 麼做了。

團體治療

國內已經進行的團體治療方式，包含：

・**人際取向團體諮商**：台大心理系陳淑惠教授曾針對網路成癮高危險的中學生，進行為期六週，以增進人際正向互動為目標的團體諮商。結果發現每週上網時數、人際及健康方面皆有所改善。

・**焦點解決取向團體諮商**：台南大學諮商與輔導學系連廷嘉副教授研究強調成功經驗及個體的可能性，透過有目標的、解決導向的團體帶領，使成員在支持性互動中建構問題解決之道，改變無效的退縮行為，找到正向的行為模式。對網路成癮有正向改變效果。

・**阿德勒學派團體諮商**：連廷嘉副教授及廖俞榕研究指出，此類團體諮商可以鼓勵催化當事人的改變、發現正向資源、覺察並調整失能生活型態、成長與家庭經驗的

探索、錯誤目標的覺察，以及嘗試新行為，對於網路成癮、時間管理、自我概念具有不錯效果。

- **結構化團體認知治療**：目前針對網路成癮比較完整的療程，是阿布盧博士（Cristiano Nabuco de Abreu）等人提出的十八週「結構化團體認知治療」，分為初始階段、中間階段與完成階段：

  第一～五週為初始階段，除了評估成癮者的程度外，最重要的是雙方要建立信任關係，成為治療同盟。

  第一週先介紹療程，並了解網路成癮的原因，可能牽涉到不要孤獨一人、擁有更多人際關係、嘗試解決問題、調節自我情緒等功能；第二週則與案主分析網路的優點，用開放的態度接納案主，例如設定晤談主題為網路是我的百憂解 ，討論網路正面功能，建立治療同盟；第三週開始討論網路帶來的人際和心理等衝擊；第四、五週更深入地探討，網路對於自我的意義是什麼？和感到被接受、有尊嚴、被需要、有成就感是否有關？是否虛擬生活只是現實的替代？

  每一週填寫量表，評估成癮程度，並且觀察分數是否減少。若發生早期退出、或案主不願意改變，通常和同盟關係建立不佳有關；而治療同盟的建立，至少需要前四次的會談。

第六～十五週為中間階段，開始運用一些認知技巧，討論復發的議題，甚至深入個案家庭問題的探討。

第六到八週學習的小技巧包括寫心情週記、紀錄未被滿足的情緒需求、討論　高危險情境等，詢問案主遇到困難時，心裡有哪些想法？如果不躲回網路世　界，怎麼處理自己的情緒？成立守護神制度，讓治療人員打電話給案主，關心當天上網有沒有超時？有沒有遇到什麼困難？

第九週開始討論壓力、不當因應模式及復發的議題；畢竟，線上遊戲並不是那麼容易戒除。第十週，運用生命線技巧，回憶案主的成長歷程，他是怎麼走到現今這一步？戒除期間，家庭可曾出現什麼變化？他自己遇到什麼樣的困難？什麼樣的情況會讓他又跑回網路世界尋求自我安慰？等等。第十一週 到第十四週，練習之前學過的技巧，進行實際生活的挑戰。第十五週進入改變階段，要習慣將新的因應問題模式應用到現實生活當中。

第十六～十八週為完成階段。

在第十六週，繼續檢視因應改變的方法，第十七週

探討案主跟家人或伴侶關係的改變，進一步處理人際關係，最後一週，則是對整個療程的回顧與結束。

大部分團體認知治療是針對青少年設計，一般都建議做家庭介入。父母也需要學習並提供支持，比方學習如何建立具有同理心的親子關係，使父母和案主成為治療同盟。十八週的療程中，有幾次是與父母討論，每週約九十分鐘，父母一定希望孩子能回到生活常軌，有時候案主正處於叛逆期，很容易因此產生誤解和溝通的障礙，導致親子關係走下坡，孩子更容易逃向網路世界，所以，家庭的介入非常重要。

復發的處理

「無數的猴子、鸚鵡對著我怒目相視、齜牙咧嘴。我跑進涼亭，躲在暗室，凍結於永恆之中……。我成了眾人的偶像，成了救世主，受到世人頂禮膜拜，成了他們的祭品……。千古以來，我被埋在金字塔的狹小石棺底下，身旁是木乃伊，鱷魚對我獻上親吻，在尼羅河的蘆葦和泥沙中永不見天日。」

——湯瑪士·德昆西

虛擬世界奇幻繽紛，十分誘人。在治療的過程中一定會有復發的情況，比方說案主無論如何都不聽管教、很叛逆，這是網路成癮者一定會面臨的過程。

復發的循環（stop-start relapse cycle）有四個階段，包括：1.合理化：「因為我壓力大，所以值得……」2.悔恨：「我把所有時間都浪費了！」3.戒癮；4.復發。

每一次復發，治療者都應該盡量接納案主，共同找出「到底是什麼原因造成的？」其實，網路成癮程度有輕有重，重症者的症狀真的跟吸鴉片類似，如同德昆西（Thomas Quincey）的《一位鴉片吸食者的告白》（*The Confession of an English Opium-Eater*）一書，在「成癮文學」中相當有名，而鴉片中毒出現的幻想，也很像網路成癮者會有的，一下子變成救世主，一下子又成為祭品或木乃伊、鱷魚等等，實際上，德昆西也是費了九牛二虎之力才戒掉鴉片癮。

有些人成癮症狀非常嚴重，卻因為某些事件的觸發，才開始正視。這時最重要的是陪伴他走這段路，而不是希望他馬上改變。冰凍三尺非一日之寒，網路成癮不僅只於網路過度使用，背後可能藏有案主一直沒有處理、長期壓抑的問題，接受心理諮商與認知治療，能有效地探索並處

理這些困難。

有些案主面對社會太退縮，不敢交朋友，才會上網尋求慰藉，因此社交的技巧很重要，多鼓勵患者參加真實世界的活動，如社團、球隊、擔任志工等，增加與人的互動機會；練習能夠主動問候他人、掛上微笑，或練習當個好聽眾、傾聽別人發言；也可以練習分享自我的感覺、與他人交換意見，都是增進社交技巧的方法。

舉例來說，有一位案主線上遊戲玩得非常嫻熟，但是他不玩臉書，因為臉書常常要分享個人的心情，他覺得自己生活乏善可陳，所以不敢上臉書，怕遇到同學問他最近在做什麼，所以他上線時還是在逃避人群。

因此，社交技巧的訓練對網癮者來說非常重要，訓練他們勇敢開口請別人幫忙，說出：「我需要你（們）的幫忙……」讓他不要吝惜於開口，也不要預設對方一定要肯定或喜歡自己。透過生物回饋效應訓練，能降低壓力情境下的焦慮感受與身體不適。

如果是因為伴侶衝突而造成網路成癮，夫妻一吵架，就上網到「愛情公寓」或國外線上外遇網站尋找慰藉，問題核心仍然存在，這時候就需要伴侶治療，如婚姻諮商、伴侶諮商等，協助他們當面表達情緒，建立開放而誠實的對話，例如不要一開口就用「你如何如何」來指責對方：「你根本不關心我，因為你總是在玩電腦！」而改成以「我」開始的語句：「我覺得被拋棄了，當你把我們相處的時間花在電腦上。」

網路成癮特別門診

韓國醫師李載元開辦了全球第一個網路成癮門診，門診的檢測與治療費用合計約一萬六千元到五萬元台幣，所費不貲。門診提供五週療程，包括小組討論、藝術治療、投藥，以及訓練腦部功能的神經回饋技術、刺激顱內特定部位的穿顱磁刺激技術等。療效如何還不清楚。

目前比較確認有效的是認知行為治療，若合併精神疾病時給予心理及藥物治療。

戒癮這條路很漫長，需要許多過程、需要時間。陪伴者要能沉得住氣、用鼓勵代替責備，才有機會走完改變之路。

臺灣最早是高雄醫學大學精神科柯志鴻醫師在高雄慈惠醫院、高雄市立小港醫院，率先創設網路成癮特別門診，結合治療實務與臨床研究，成績十分亮眼。2012年7月24日，台灣亞洲大學與中國醫藥大學合作創設全國唯一「中亞聯大網路成癮防治中心」。其目的有四：一是確立本土性網路成癮的現象和病理；二是結合學校、醫院與各種資源，防止成癮；三是培育網路成癮相關領域的的學術、醫療人才，並培訓志工；四是進行社會宣導，結合民間團體，共同參與政策及法規擬訂。

格林飛德博士所設立的網路與科技成癮中心（http://www.virtual-addiction.com/），則提供了整合性的協助，從線上問卷檢測、多種服務模式（商務、婚姻、法律、個人、電話諮詢、軟體）、教育訓練（學校與企業人員、專業工作坊）、視訊素材、療效見證、衛教文字，甚至有五天密集療程、Skype視訊諮詢等特殊方案，值得國內有志者效法。

線上性成癮的治療

網路外遇不見得非得離婚收場，專家認為可以透過伴侶相互的坦承，讓出軌者能夠表達抱歉、說明經過，以及採用修補方式，說不定伴侶的關係會比治療前還要好。最重要的是必須先理解網路外遇發生的原因，重建雙方的信任感，而非一味責怪出軌的那一方。

針對線上性成癮的治療，首先可以針對電腦與環境作管理，例如只在人多處使用、限制使用時段與次數、能夠讓別人看到、把背景或螢幕保護程式換成親友的照片等。另外，採用電子管理（網路過濾軟體、網路提供者的過濾服務、電腦監控程式）、安排負責監控的親友（排除配偶或伴侶）、職場合理使用政策（acceptable use policy, AUPs）等。

若網路性成癮者有精神疾患共病，如焦慮、憂鬱、強迫症、注意力不集中或其他診斷，必須提供合適的治療，包括心理諮商和藥物等。目前針對嚴重之網路性成癮患者，醫師會提供選擇性血清素再回收抑制劑（Selective serotonin reuptake inhibitors, SSRIs）、血清素及正腎上腺素再回收抑制劑（Serotonin norodrenaline reuptake inhibitor, SNRIs）、鴉片類藥物拮抗劑（Naltrexone）。國外已經設有性治療師的專業網站，例如由派屈克・康勒斯（Patrick Carnes）與史蒂芳妮・康勒斯（Stefanie Carnes）創立的國際創傷與成癮專業協會（International

Institute for Trauma and Addiction Professionals；IITAP；http://www.sexhelp.com/），提供線上檢測、自助技巧與豐富的轉介資源。

預防勝於治療：網安APP原則

兒福聯盟在2013年7月公布了一份「手機及App使用調查報告」，結果發現現今學齡期兒童與少年使用手機出現了「三高」現象：

・人手一機，智慧型手機擁有率高：

調查發現，近四成是使用智慧型手機，比兩年前成長了兩倍，另外有三成七（37.2%）都表示想要在未來兩年內購買，智慧型手機已經成為孩子的基本配備。

・機不離身，使用頻率高：

調查發現有智慧型手機的孩子中，有一成四左右平日使用三小時以上，近五分之一周末甚至會使用五小時以上，他們一回家就滑（78.5%）、和「家人聚餐或聚會的時候」滑（50.3%）、連「上學或放學的途中」（45.6%）或是「吃飯時」（37.2%）甚至「在補習班或安親班」（34.3%）也會找機會低頭滑手機。調查甚至發現有近四成有智慧型手機的孩子會不到半小就把手機拿出來看一次，其中近一成甚至焦慮到每五分鐘就要滑一次，出現手機上癮現象。

．隨點隨玩，3App下載率高：

智慧型手機的一大特色就是有各式各樣的App，常常讓孩子沉迷得「抬不起頭」來，其中有九成二的比例是下載遊戲類，其次六成左右是音樂類或是聊天類，而且深受同學朋友等同儕影響。僅有一成七左右是使用資訊類或是教育類。

兒童使用手機的三高現象也導致了三個危機，包括：

．不能沒手機，每十個孩子就有一人出現手機重度成癮：

調查發現每十個有自己智慧型手機的孩子，就有一人出現手機重度成癮，成癮行為包括總是或經常會因為沒帶手機出門而沒有安全感（43%）、無法使用手機而覺得不開心、煩躁或生氣（18.7%）、因父母限制使用手機而和父母吵架（10%），這些孩子成癮的嚴重程度是使用一般手機孩子的五倍。

．陌生人當好友。三成二學童將不認識人加為好友，二成三約見面，人身安全堪憂：

兒盟調查顯示，三成二（31.8%）有智慧型手機的孩

子，曾經在使用App時將之前不認識的人加為好友，其中有二成三（22.8%）更進一步和這些「新朋友」見面，實在令人擔心孩子的人身安全。

·色情？暴力？想玩的通通可以下載？六成三不知道App有分級：

兒盟調查，六成以上（63.1%）學童都表示不瞭解App分級情形，此外也有近一成（8%）的孩子表示曾經使用過他們覺得暴力或色情的App，甚至有四分之一的孩子有自己的智慧型手機，曾經看到朋友發佈色情、暴力、不雅照片或影片。鬆散的網路規範制度，讓App分級制度形同虛設，也令人擔心直接影響了孩子身心發展。

這個調查結果顯示了當代社會的變遷，如暑假期間，父母工作，孩子在家無聊，只能上網，在早期神經發育時期就開始接收網路的刺激；父母不在身邊，無法控制分級，也很難限制上網時間，造成網路成癮的風險。父母該如何在現代社會的工作型態中，好好地陪伴孩子，是非常重要的課題！

上｜網｜不｜上｜癮｜小｜常｜識

兒少網安APP原則

兒盟提出「APP三要則」，期望孩子能安心使用智慧型手機：

家長要關心（Attention）：兒盟調查顯示，七成二（71.7%）家長沒有規定孩子連續使用手機的時間；六成五（65.3%）家長沒有規定孩子應如何使用手機，以至於年紀愈大，手機不當使用、過度依賴或是手機成癮的現象愈嚴重。3C使用習慣需要從小培養和建立，家長們平時一定要多留意孩子使用手機的狀況，並且和孩子們約法三章，討論出合理的使用規則，包括使用的時間、時機和場合等等，才能幫助孩子智慧用手機。

此外目前iOS和Android系統的手機都可藉由手動設定的方式來篩選App，或是藉由下載家長監護裝置（parental control）來防止孩子下載超齡App。建議在幫孩子準備智慧型手機之前，也安裝一套完善的家長監護裝置，協助孩子篩選App，也幫助家長了解孩子的手機使用狀況。

孩子要自我保護（Protection）：孩子在使用社交App時，容易在缺乏自我保護觀念的情況下，隨意將不認識的人加為好友，或是將自己的個人隱私及相關資訊透露給其他人，可能因此身陷危險狀況。讓孩子使用手機及App時，大人應該確保孩子已經懂得不加「陌生人」、不說「自己事」或是不下載不合宜「App」等規範，以具體保護自己的隱私和安全。

政府要防範（Preselection）：政府和業者要落實App分級制度，並且明確標示。系統業者能在App下載頁面明確標示該級別適合的年齡、加註相關說明、放在明顯的位置；政府有關單位除了要落實分級規範，負起監督業者的責任，更需加強宣導，讓家長們了解App的分級制度與篩選App的必要性。

＊資料來源：兒童福利聯盟文教基金會之「2013年手機及App使用狀況調查」報告

治療式遊憩

治療式遊憩（Therapeutic Recreation），也稱為「遊憩治療」，是一種有目的的介入，透過休閒和遊憩的設計以協助當事人成長，並協助他們預防或紓解問題。

休閒能夠帶來七項心理效益，包含表達性補償、智能上的刺激、宣洩、愉悅的友伴、安全的獨處、適當的安全感，以及美感的表達。因此，國內外均提倡正當休閒活動，滿足人們自願從事某些事情的機會與內在需求。簡而言之，治療式遊憩提供多樣化的機會，提供內在獎賞，創造自我決定、有能力和愉悅的感受。

任教紐約城市大學的副教授羅蘋・康斯特勒（Robin Kunstler）指出，針對當事人的成癮問題，休閒遊憩能夠提供療效，包括：提升社交技巧、改善社會功能；引導放鬆、運動和健身，改善壓力管理和焦慮調適；培養休閒生活和穩定的性格。

其他還包括減少無聊、提供無聊時的替代方式、體驗愉悅。最常見的休閒包含休閒教育、個別和團體運動、健身、藝術與嗜好。

國內學者陳惠美指出，許多臨床研究均證實遊憩治療具有減緩壓力、促進身心正向發展的價值，可以廣泛實

施於學校、復建機構、療養院、精神病院、犯罪矯治中心等，目前常見有藝術治療、遊戲治療、園藝治療、運動治療等形式。針對青少年偏好冒險型線上遊戲的特性，戶外活動如登山、攀岩、野外求生、探索教育訓練等，對於自我價值的發展有幫助，因為這些高風險、具挑戰性的活動，提供了與網路相當的刺激感及興奮感，而且不需要用到藥物。

台灣師範大學公民教育系副教授謝智謀則強調體驗教育，推廣冒險治療。冒險治療是在一對一諮商後，為案主量身設計的行為治療，例如登山、繩索垂降、獨木舟、到深山中獨處四天三夜等。過程中，治療師進行懇談、追蹤，達到反思與內省。

花蓮縣化仁國中水璉分校，主要招收家庭發生變故、或家庭功能失調而有中輟之虞或已經中輟的國中生。該校針對流連網咖的青少年，也提供了類似的治療性遊憩活動；主任彭震宇發現，青少年沉迷網路遊戲，是為了獲得打敗「魔王」的快感，因此以撞球作為替代性遊憩活動。結果青少年發現撞球和網路遊戲確有相似性，覺得兩種方式一樣好玩，而和真人一起尬撞球，確實比和虛擬人物比賽更有樂趣！

上｜網｜不｜上｜癮｜Q｜&｜A

Q：網路成癮有沒有靈丹妙藥？吃一次就好？

A：當然沒有！目前藥物治療是針對合併精神疾病者。韓國有一項研究，針對六十二個注意力不足過動症（Attention-deficit／Hyperactivity Disorder, ADHD）合併電玩使用的孩子，平均九點三歲，使用八週治療注意力不足過動症藥物「專思達」（Concerta）後，網路成癮指數、網路使用時間明顯減少，並且和注意力不足過動症狀的進步成正相關。

這項研究引發另一種想法：電玩，是一項可以釋放腦中多巴胺分泌，並且需要視覺工作記憶的事情，可能被注意力不足過動症孩童當成自我治療的方式。這可作為網路成癮藥物治療的一個指引，其中可能牽涉到神經傳導異常的部分，是未來藥物研發的方向。

Q：目前網路成癮在藥物治療方面有何進展？

A：目前網路成癮以心理治療為主，但科學家也在思考有沒有特別的藥物可以治療網路成癮。現階段藥物治療是以增加多巴胺的分泌為主，也可以用來治療ADHD，但目前還是屬於嘗試性質，雖然都是安全藥物，並不是對每個人都有效。

也有人使用過鴉片類的拮抗藥物，調節報償迴路，這是屬於比較新的藥物，作用和效果不見得絕對地好。另外也有一些處方是用抗憂鬱劑提高血清素活動，降低渴求感與衝動。但以上都是個別的嘗試，目前還沒有專屬的藥物發明出來。

實際案例分析：阿嘉的故事

二十三歲的阿嘉，退伍後整天躲在家裡上網。

他原本懷抱音樂大夢，和朋友組樂團擔任主唱，到台北參加選拔賽，結果徹底敗北，回到鄉下後被鄰居指指點點。他厭惡那些鄉下人的眼神，乾脆就不出門。

一手把他帶大的阿嬤叫他振作，於是阿嘉心不甘情不願地到便利商店上小夜班，做了兩個禮拜，認為店長處處找他麻煩，讓他難看，兩人大吵一架，阿嘉拍桌之後離職。阿嬤再拜託叔公的朋友，安排阿嘉去工地上班，結果第一天，就有一顆鐵屑飛進他的眼睛裡，搞得很痛而且一直流眼淚，阿嘉激動地對阿嬤說：「我要是瞎了，都是妳害的！」後來送醫幸無大礙，阿嬤很心痛也很自責，不敢再要求他，只好任由他去。

脾氣暴躁，沉迷「天堂」

阿嘉再也不找工作，整天打線上遊戲，先是玩「天堂」，後來玩「魔獸世界」。他每天下午三點起床，就開始「打怪」，賺虛擬經驗值、貨幣和寶物，有時賣給玩家換點錢。晚上，阿嬤問他吃飯了沒，阿嘉不是完全不理會

就是大聲要她「別管我！」他半夜餓了就去便利商店買泡麵回來吃，就這樣一直打到凌晨五點，才起身去外面吃早點，吃完回來睡覺。

睡前，他從來沒忘記一定要「掛機」，用程式輔助角色活動並且練功，這樣才不會把時間浪費掉！有兩天電腦硬碟壞掉，阿嘉沒辦法上線玩遊戲，非常暴躁，時常摔東西出氣。住在台北的阿姑對於阿嘉沉迷電玩到晨昏顛倒的行為十分擔心，認為再不管他，健康遲早出問題，趁過年回鄉下那陣子，好說歹說強拉阿嘉去醫院看網路成癮特別門診。

阿嬤邊流眼淚、邊對醫生抱怨說：「我孫子在家整天玩電動，當米蟲，我老人年金也沒多少，家裡快沒錢了……我一看到他不知道賺錢，還一直玩電動就很火大，他阿伯叫我把他當養狗就好，不要管他，可是他才二十三歲啊！」

先了解案主並建立關係

醫生點點頭，表示了解阿嬤的痛苦，遞了紙巾給她，並請阿姑陪她到外面休息。

現在會談室裡，只剩下醫師和阿嘉兩個人。醫生首先很有興趣地聽阿嘉講他的「魔獸世界」，發現他練功等級很高。阿嘉很自豪地跟醫生說：

「我看你醫生講話很慢，好像腦筋打結不好意思承認。我的反應比你快多了，上次有個正妹玩家還稱讚我很有領導能力，所有玩家們都聽我指揮，少了我就不行咧！」

醫生頻頻點頭，聽得很認真，沒有任何批評，反而大大地讚美他：「你果然很聰明，是個很有潛力的人。」

阿嘉覺得醫生好相處，願意了解他在遊戲時的快樂，不像家裡其他大人看到就是罵他，或者一直叫他改掉。煩死了！

阿嘉答應醫生兩個禮拜後回診。

再深入了解成長背景

第二次會談，醫生抽絲剝繭地詢問阿姑，關於阿嘉的成長背景。

阿嘉小時候父母一直吵架，五歲的時候父母離婚，爸爸雖取得監護權，卻必須在外地工作，沒多久，爸爸因財務糾紛死於非命。阿嬤含辛茹苦將阿嘉帶大，但他好動成性，非常頑皮，常被阿嬤打得很慘……

講到這邊阿嬤又流下眼淚，阿姑也哭了，倒是阿嘉，一點反應也沒有。他拿著一台iPad，兩手動作飛快，在診間一旁打得不亦樂乎！

醫生馬上安慰阿嬤與阿姑，支持她們長期為阿嘉所做的努力並沒有白費，她們做得很好。但網路成癮的治療需要相當時間，她們必須冷靜下來，並且照顧好自己。

第三次會談，阿嘉很得意地說：「我等級又增加了，所以變得更忙，我這次可是看在你的面子上，還有我阿姑，我才來的。也不能常常『掛機』，被玩家瞧不起啊！」

醫生問：「聽起來，你都一直活在勝利當中，比一般人還幸運。大多數人都會有不少失敗經驗的。真的是這樣嗎？」

阿嘉有點愣住，醫生鼓勵他把想到的講出來。阿嘉也才發現，自己很早就了解失敗的滋味是什麼。

從小家裡就是阿嬤和他兩個人，阿嬤總是罵他，他常常覺得不開心。小學五年級時，阿嘉學會霸凌同學，出一口氣之後，心情果然好多了。進入國一之後，因為罵同學長得醜，開始遭到對方霸凌，在對方恐嚇之下，他始終不敢跟老師說。到了高職電子科，情緒低落、失眠、感到人生沒希望，常和同學打架。後來受到學長影響，學會玩聊天室和線上遊戲，和玩家同仇敵慨，一起消滅怪物，心情好轉。玩家在玩樂團，後來也找他一起，因此開始組樂團練唱，他也覺得生活正常不少，卻不知這次力圖振作之後，工作竟這麼不順……。

其實，阿嘉也曾經努力過啊！只是現實太殘酷了。

第四次會談，在阿嘉的網路成就之外，醫生繼續和他談論過往的挫折經驗。

他發現阿嘉雖然性情暴躁，內心其實很自卑。他覺得沒有人愛自己，父母、阿嬤都一樣，因為自己很差勁，成績、人際關係都不好，一直讓他們生氣、失望，甚至絕望。有時候，阿嘉甚至想要毆打五歲的堂妹，因為大人們都溺愛她。但他勉強克制下來，在「魔獸世界」裡，日以繼夜要把魔獸打死，來出這口氣！

心理治療，期待未來

第五次會談，醫生讓阿嘉盡情宣洩內心的憤怒、愧疚與自卑。

阿嘉才發現，自己心裡猶如垃圾場一般，怎麼堆積了這麼多痛苦，卻從沒有想要好好清理過呢？阿嘉慢慢體

會，沒日沒夜的電玩，雖然讓自己沒那麼憂鬱、空虛和孤獨，其實是一種逃避，那個垃圾場還是在那邊。

他腦中飄過一個念頭：那些玩家在現實世界裡，會不會根本和他一樣無助？他在「魔獸世界」裡等級愈高，現實生活中愈失敗。最近，他甚至不敢上「臉書」，怕遇到以前的同學，特別是女生，他真的不知要跟她們講什麼！

第六次會談，醫生讓阿嘉講講看，自己對家人的感覺是什麼？

他說：「阿嬤七十幾歲了，有糖尿病還截斷兩根腳趾頭，卻依舊抱病做資源回收，我心裡很慚愧，更是不忍心。阿姑雖然沒辦法常常回來，卻很關心我和阿嬤的健康，但是她很嘮叨，我寧可去練功也不想聽她講。但她是個好人啦！」

講到從小就跟媽媽分開，阿嘉悲從中來，激動地說：「我以前上網路聊天室最怕晚餐時間，朋友們一個個傳訊息說：『我媽叫去吃飯，先下線囉，881～』我馬上想到為什麼我就沒有媽媽？」於是他乾脆改玩線上遊戲，因為在「魔獸世界」裡面，大家都不能離開太久，遊戲進行可是非常忙碌的，絕對不能受到任何「媽媽」的干擾！

阿嘉沒注意到，在他激動講話的時候，眼角滲出了一滴眼淚，雖然很快就乾了。

第七次會談，醫生和阿嘉討論，他喜歡現在的自己嗎？他期待的未來，會是什麼樣子？

阿嘉腦袋一片空白。未來？我這種人有什麼未來嗎？他覺得自己很可厭，別人看他也一定是這樣。

但是，有一次似乎不是這樣。他跟醫生講，國中二年級被同學推倒在地上踩的時候，隔壁班一個女生看他可憐，帶他去保健室，還幫忙護士拿水給他喝。他印象很深刻，她長得不錯看，但嘴唇右邊有一顆痣很明顯。她真的好像周星馳「少林足球」電影裡面的那個阿梅，阿梅當初就是那樣照顧阿星的啊……。

他有兩個禮拜的時間，晚上都會不自覺的想到她在他旁邊的時候，後來他探聽，她英文成績很好，自己英文很爛，根本不敢追她……。只記得有一段時間，當他被打時，心裡想的都是她，身上竟然也就不痛了。

畢業好幾年以後，聽說她讀完專科，就在補習班教英文。他曾經偷偷地希望自己也能當英文老師，但問題是二十六個英文字母還背不全。自己似乎對樂團比較有天分，而且，這麼多玩家們需要他的領導……。

第八次會談，醫生瞄到阿嘉瞳孔裡兩道奇異的光亮，

這是從沒在阿嘉身上看見過的，他知道阿嘉有了戒癮的決心。原來，阿嘉準備投考科技大學進修部的應用英文系。醫生爽朗地笑了，阿嘉也看見醫生眼神中的高興，以及那份對他的信心。

醫生教他如何安排日夜作息，並請他紀錄自己上線玩電玩的時間。阿嘉在紙上寫下來，規定自己每天要先念完兩小時的書，才能去打電動六小時，還把座右銘「是我玩遊戲，不是遊戲玩我！！」貼在電腦前。

在接下來四次的會談中，阿嘉每兩個禮拜審視一次念書和打線上遊戲的時數，並且慢慢加進打籃球、練電吉他的時間。他和醫生討論每次的成功、困難和接下來的作法。確實，完全靠自己是很困難的，所以這段時間，阿嬤也幫忙注意，若阿嘉每天有達成目標，就要給他口頭稱讚，若每個禮拜有達到目標，還額外給他零用錢，但不能用在線上遊戲。

家族會談，冰釋誤解

第十三次會談時，只有阿嬤一個人來，她抱怨，上禮拜她發現阿嘉到了半夜十二點還在玩，她心裡一急，就念他：「你怎麼這麼難管教？牛牽到北京還是牛。我花那麼多錢給你看醫生，但是你根本在騙醫生嘛！」

那晚，阿嘉根本不想停下來，就一直打「魔獸世界」到天亮，接下來，又恢復了以前的樣子。看了這幅景象，阿嬤又是生氣，又是難過。

醫生想到，戒癮這條路，「破戒」是在所難免的，最怕的是當「破戒」的人受到過多責備，反而會決定放棄。然而，阿嬤一向護孫心切，無意中卻讓阿嘉變嚴重。要怎麼辦呢？他決定請社工安排家族會談。

第十四次會談，社工邀請阿嘉的阿嬤、阿姑和阿嘉一起坐下來會談。醫生也到了家族會談室裡。

社工稱讚了這半年來阿嘉和阿嬤的努力。她讓阿嘉先講一講這半年戒癮的感想，他漫不經心地說：「戒癮也沒什麼難啊，只是最近玩家們都需要我，我不能見死不救啊！」

接下來，社工請阿嬤說說她的感受。出人意外地，阿嬤講到多年前的喪子之痛，對孫子阿嘉的愧疚、期待與挫折。她哭著說：「阿嘉做的事情，真的讓我很痛苦，而且他會刺激我生氣，我一想到收入困難，心情更不好，口氣當然也不會好。但是這麼多年來，我真的很疼阿嘉，我年紀大了身體不好，剩下沒幾年可以活，總想要多撿些垃圾，幫阿嘉存娶某的本。阿嘉從小就沒了爸媽，如果我送了這條命可以換回阿嘉一世人的成功，我很甘願！」

社工瞄到阿嘉兩邊臉頰上都是淚水。這是阿嘉第一次發現，原來阿嬤不是生氣他，而是很愛他的。阿嘉說：「阿嬤，我知道錯了。是我不對……妳給我機會好不好？」

就這樣沉默地過了三分鐘，阿嬤、阿姑和阿嘉都默默地哭著，沒有一個人說得出話，只聽到啜泣聲，四個人的，社工也在哭。眼角也泛著淚光的醫生抽了一疊面紙，遞到他們的手上。

這時，阿姑說：「阿嘉，你好好拼，有時間也照顧一下阿嬤，有什麼困難我和姑丈都會幫忙，你放心！」

社工最後說：「我相信阿嘉已經感覺到，也都知道了，大家都很誠心希望幫忙你走出來，而且也會一直守在你身邊，希望你也能夠幫忙自己，活出精彩的人生！」

家族會談結束後，第十五次會談開始，阿嘉的態度有明顯轉變，比較認真戒癮，就算阿嬤惹他生氣，他也繼續堅持戒癮。在治療過程中，阿嘉發現雖然已經努力調整，但自己注意力不容易集中，影響學習效率；同時，他也察覺到，自己平時情緒莫名地低落，浮現未來沒有希望的感覺，晚上胡思亂想，也睡不好，在充分討論後，醫生決定幫他開立低劑量的抗憂鬱劑，協助他更容易度過低潮。

再經過三個月的治療，阿嘉在連鎖速食店找到一份工作，為將來到進修部英文系上課籌措學費。雖然辛苦，但是工作得很有勁。不久，又和幾位高職同學連絡上，組成一個新樂團，下班後就去團裡練電吉他，在他的建議下，大夥把團命名為「虛擬男孩」。

一場在家鄉渡假飯店的沙灘上舉辦的演唱會，「虛擬男孩」上台演唱深獲好評，讓阿嘉信心倍增。而讓他唱得更賣力的，是當他發現一個右邊嘴唇有顆痣的女生出現在台下。

「Yes，是她沒錯，我已經在夢中確認過千百回了。就是她！」

阿嘉又重新燃起了激昂的生命力……。

【結語】

網路成癮的省思

我們的科技已經超越了我們的人性，這已是駭人地明顯。

——愛因斯坦（Albert Einstein）

1611年，莎士比亞創作了《暴風雨》（*The Tempest*），女主角米蘭達（Miranda）說：「人類有多麼美！啊！美麗的新世界，有這樣的人在裡頭！」歌頌了田園風格的、美好的人類生活。

1932年，這句話成為赫胥黎的書名，《美麗新世界》諷刺高科技合併計畫式生產的理想世界，人們工作的效率與產值極大化、需求滿足變得非常方便。甚至有一種藥物，「索麻」（Soma），吃了之後，「具有一切基督教和酒精的優美，而絕無它們的缺點。」一西西的索麻，就能治癒十倍的憂傷。人變成疏離的存在，沒有自己，只能用思想或索麻來自我麻醉，成為終身為了國家目的而效勞的奴隸。這是個膚淺、空虛而可悲的文化。

科技有她美麗的一面，也有醜陋的一面。就像尼采的「超人」哲學指出，人類生存目的在於追求超越，原是良善的哲學觀點，但經過納粹的「闡釋」，扭曲為只有優秀人種有資格活下來，劣等人種必須消滅，帶來種族大屠殺的災難。思想誤用尚且如此，科技更是不長眼睛。當人類有了尖端科技來蓋核能電廠，但日本311地震後的福島電廠核災，卻再次警告我們，核災是能夠避免的嗎？還是人類正在努力把自己的家園給毀了？當人類有了製造核子武器的能力，卻帶來廣島長崎核彈爆炸後的哀鴻遍野，而國際上窮兵黷武的政權或野心份子已經把持了核武，有無可能就這麼毀滅了地球？當我們不斷地用科技追求突破，才發現情況沒想像中簡單。

二十一世紀發生了另一場大爆炸，虛擬宇宙的急速膨脹，儼然自成一種不同的「美麗新世界」，電影《阿凡達》是這世紀的代表小說，質問著我們：是人類存在的可能性增加了？還是人類更加依賴虛擬宇宙，繼續逃避內心廣大的空虛？

人腦其實和數十萬年以前一樣古老，人性也沒有變得比較神聖，科技卻已經大大改變。虛擬宇宙之於人類，就像壓桿刺激之於老鼠，老鼠想追求快樂的感覺，每小時能

夠壓七千次槓桿！不斷地刺激，直到荒廢生活，直到渴死餓死。人腦的古早設計，並不能二十四小時都處在受大量刺激的狀態，然而，許多青少年不想睡覺，只因為怕漏接了臉書的最新訊息；網路世代每天接收無限多的訊息，還能夠擁有自己的獨創性嗎？一些在網路上追求美好「第二人生」的人，常常連自己的「第一人生」都沒有活好；而那些在玩虛擬世界的阿凡達們，會不會被虛擬世界給玩了呢？

當我們因科技而憂鬱時，又用科技來治療自己？

更多匪夷所思的虛擬科技現象，還在快速地產生中：當智慧型手機縮小到你的眼鏡上，你可以隨時靠虛擬螢幕來決定自己的行動；當你和虛擬情人擦出愛的火花，透過網路與3D虛擬實境直接親熱，感覺和真人性愛沒有兩樣；當你戴上特製的棒球帽，帽子精確控制腦部任何神經元活動，想要大麻的感覺，就按一下，甚至還可以和別人的棒球帽連成網路，進行「心電感應」的互動；也許未來iPhone100變成一片晶片，植入你我的腦神經當中……。

我們期待科技繼續成為我們的奴隸，但也關切身旁不少人已經悄悄地淪為科技的奴隸，就像電影《暮光之城》（*Twilight*）中，人類逐漸變成了吸血鬼。最糟糕的狀況是，人類研發新科技，只為了要解決科技帶來的問題。

人腦與科技兩者，怎樣才能和諧共存？人類尚未找到答案，但可以肯定的是，失去了自我，科技就直接成為你的自我。

大家不妨放下手中的智慧型手機，輕聲提醒自己：「上網，不上癮！」

【附錄】

延伸閱讀

- **《網路成癮：評估及治療指引手冊》**（2013），金柏莉・楊、阿布盧（Kimberly S. Young & Cristiano Nabuco de Abreu），心理。
- **《人格，無法離線：網路人格如何入侵你的真實人生？》**（2012），埃利亞斯・阿布賈烏德（Elias Aboujaoude , MD），財信。
- **《愉悅的秘密：解開人類成癮之謎》**（2011）大衛・林登（David J.Linden），時報。
- **《網路心理與行為》**（2010），連廷嘉、鄭承昌，麗文文化。
- **《孫悟空大戰電玩魔》**（2010），金辰燮著，羅日漢繪，臺灣麥克（圖書）。
- **《網路諮商、網路成癮與網路心理健康》**（2009），王智弘，學富文化。
- **《網路裡的小孩》**（2008），凱爾西（Candice M. Kelsey），商周。
- **《孩子回家只上網怎麼辦？：如何溝通並保護網路世界中的下一代》**（2007），安裘琳・邱，廖堅輝，艾斯特・陳（Angeline Khoo, Albert Liau, Esther Tan），美商麥格羅・希爾。
- **《讓孩子贏在網路時代》**（2007），賀淑曼，心理。

臺大醫師到我家．精神健康系列

上網不上癮：給網路族的心靈處方

Safe Surfing Online: Remedies for Internet Addicts

作　　者—張立人（Li-Ren Chang）

總 策 劃—高淑芬
主　　編—王浩威、陳錫中
合作單位—國立臺灣大學醫學院附設醫院精神醫學部
贊助單位—財團法人華人心理治療研究發展基金會

出 版 者—心靈工坊文化事業股份有限公司
發 行 人—王浩威　　總 編 輯—王桂花
企劃總監—莊慧秋　　主　　編—周旻君
文字整理—黃憶欣　　文稿協力—瞿欣怡
特約編輯—王祿容　　美術編輯—黃玉敏
內頁插畫—史恩熊

通訊地址—106 台北市信義路四段53巷8號2樓
郵政劃撥—19546215　　戶名—心靈工坊文化事業股份有限公司
電話—02）2702-9186　　傳真—02）2702-9286
Email—service@psygarden.com.tw
網址—www.psygarden.com.tw

製版．印刷—中茂分色製版印刷事業股份有限公司
總經銷—大和書報圖書股份有限公司
電話—02）8990-2588　　傳真—02）2990-1658
通訊地址—242台北縣新莊市五工五路2號（五股工業區）
初版一刷—2013年9月　初版九刷—2021年1月
ISBN—978-986-6112-81-2　定價—240元

國家圖書館出版品預行編目（CIP）資料

上網不上癮：給網路族的心靈處方／張立人作．　-- 初版．　-- 臺北市：
心靈工坊文化，2013.09
　面；公分（MentalHealth；04）（臺大醫師到我家，精神健康系列）
　ISBN 978-986-6112-81-2（平裝）

　1. 網路使用行為　2. 網路沉迷

312.014　　　　102015600

顛倒的生命，窒息的心願，沈淪的夢想
爲在暗夜進出的靈魂，
守住窗前最後的一盞燭光
直到晨星在天邊發亮

SelfHelp

不要叫我瘋子
【還給精神障礙者人權】
作者—派屈克．柯瑞根、羅伯特．朗丁
譯者—張葦　定價—380元

本書兩位作者都有過精神障礙的問題，由於他們的寶貴經驗，更提高本書的價值。汙名化不僅只影響精障朋友，而會擴及社會。所以找出消除汙名化的方法應是大眾的責任。

他不知道他病了
【協助精神障礙者接受治療】
作者—哈維亞．阿瑪多、安娜麗莎．強那森
譯者—魏嘉瑩　定價—250元

如果你正爲有精神障礙的家人該不該接受治療而掙扎，本書是你不可或缺的。作者提供了深刻、同理且實用的原則，足以化解我們在面對生病的人時，產生的挫折與罪惡感。

愛，上了癮
【撫平因愛受傷的心靈】
作者—伊東明　譯者—廣梅芳　定價—280元

日本知名性別心理學專家伊東明，透過十三位男女的眞實故事，探討何謂「愛情上癮症」。他將愛情上癮症分爲四種：共依存型、逃避幸福型、性上癮型，以及浪漫上癮型。

孩子，別怕
【關心目睹家暴兒童】
作者—貝慈．葛羅思
譯者—劉小菁　定價—240元

本書讓我們看到目睹家暴的孩子如何理解、回應並且深受暴力的影響。作者基於十多年的實務經驗，分享如何從輔導、法令與政策各方面著手，眞正幫助到目睹家暴的兒童。

割腕的誘惑
【停止自我傷害】
作者—史蒂芬．雷文克隆
譯者—李俊毅　定價—300元

本書作者深入探究自傷者形成自我傷害性格的成因，如基因遺傳、家庭經驗、童年創傷及雙親的行爲等，同時也爲自傷者、他們的父母以及治療師提出療癒的方法。

我的孩子得了憂鬱症
【給父母、師長的實用指南】
作者—孟迪爾
譯者—陳信昭、林維君　定價—360元

本書是國內第一本討論青少年憂鬱症的專書，在書中，作者再三強調，憂鬱症要及早診斷、給予恰當的治療，才能確保身心健康，而最好的康復之道，必須有家長的充分了解與支持，一起參與治療計畫。

我和我的四個影子
【邊緣性病例的診斷及治療】
作者—平井孝男
譯者—廣梅芳　定價—350元

邊緣性病例，是介於精神官能症、精神病、憂鬱症、健康等狀態之間，由許多層面融合而成。本書將解開這病症的謎團，讓我們對憂鬱症、人格障礙等症狀有更深的理解。

愛你，想你，恨你
【走進邊緣人格的世界】
作者—傑洛．柯雷斯曼、郝爾．史卓斯
譯者—邱約文　定價—300元

邊緣人格患者的情緒反反覆覆，充滿矛盾。本書是以通俗語言介紹邊緣人格的專書，除了供治療專業者參考，更爲患者、家屬、社會大眾打開一扇理解之窗，減輕相處的挫折與艱辛。

親密的陌生人
【給邊緣人格親友的實用指南】
作者—保羅．梅森、蘭蒂．克雷格
譯者—韓良憶　定價—350元

本書是專爲邊緣人格親友所寫的實用指南。作者收集一千多個案例，經過整理統合後，列出實際的做法，教導邊緣人格親友如何有效處理邊緣人格者的種種異常行爲，並照顧好自己。

躁鬱症完全手冊
作者—福樂．托利醫師，麥可．克內柏
譯者—丁凡　定價—500元

本書討論了與躁鬱症相關的獨特問題，包括酗酒、用藥、暴力、自殺、性、愛滋病和保密性，是一本針對病患、家屬與醫護人員需要而寫的躁鬱症完全手冊，也是介紹躁鬱症最全面完整的巨著。

老年憂鬱症完全手冊
【給病患家屬及助人者的實用指南】
作者—馬克．米勒，查爾斯．雷諾三世
譯者—李淑珺　定價—320元

高齡化社會已全面到來，要如何成功老化，憂鬱不上身，是知名的老人精神醫學權威米勒博士和雷諾博士的研究重心。本書總結他們二十年的臨床經驗，爲讀者提供完整實用的資訊。

Caring

空間就是性別

作者—畢恆達　定價—260元

本書是環境心理學家畢恆達繼《空間就是權力》後推出的新作，是他長年針對台灣性別與空間的觀察，探討人們習以爲常的生活背後，所運行的性別機制。

空間就是權力

作者—畢恆達　定價—320元

空間是身體的延伸、自我認同的象徵，更是社會文化與政治權力的角力場。因此改變每日生活空間的行動，就成了賦予自己界定自我的機會，形塑空間就是在形塑我們的未來。

我的退休進行式

作者—謝芬蘭　定價—250元

五十歲，我準備退休，離開服務數十年的職場。人人羨慕我好命，但我卻難免忐忑，在中年和老年交界的這個尷尬年紀，我要怎麼安排未來的二、三十年？

我買了一座教堂

作者—黛薇拉．高爾

譯者—許碧惠　定價—280元

一個眞實的故事：黛薇拉有天出門去買一磅奶油，卻一時衝動買下一座老教堂——她想用教堂拆下的建材，爲兒子蓋一個家。沒想到，過程錯誤百出、麻煩不斷……還好她和兒子天性樂觀，花了十年時間終於美夢成眞！

學飛的男人

【體驗恐懼、信任與放手的樂趣】

作者—山姆．金恩

譯者—魯宓　定價—280元

爲了一圓孩提時的學飛夢想，山姆以六十二歲之齡加入馬戲團學校，學習空中飛人。藉由細緻的述說，學飛成爲一則關於冒險、轉化、克服自我設限、狂喜隱喻的性靈旅程。

舞孃變醫生

作者—羅倫．洛希

譯者—詹碧雲　定價—280元

她曾是偷渡者、脫衣舞孃、性工作者，現在的她則是一位醫生。羅倫戲劇性的曲折人生，讓她吃盡苦頭；但天生強韌、樂觀的生命力，讓她奮力自混亂的生命低潮裡逆流而上，到達她夢想的彼岸。

那些動物教我的事

【寵物的療癒力量】

作者—馬提．貝克、德娜麗．摩頓

譯者—廖婉如　定價—380元

美國知名獸醫馬提．貝克醫師以自身患病經驗、周遭的眞實故事及大量科學研究，說明寵物與人類間特殊的情感，是人們對抗疾病與憂鬱的強大利器！

動物生死書

作者—杜白　定價—260元

杜白醫師希望藉由本書幫助讀者，藉由同伴動物這些小眾生的助力，讓我們能穿越老病死苦的迷障，開啓智慧，將善緣化爲成長的助力，爲彼此的生命加分。

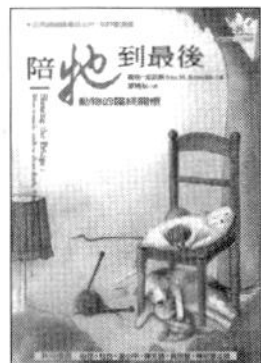

陪牠到最後

【動物的臨終關懷】

作者—麗塔．雷諾斯

譯者—廖婉如　定價—260元

愛是永不離棄的許諾。愛我們的動物朋友，就要陪牠到最後！

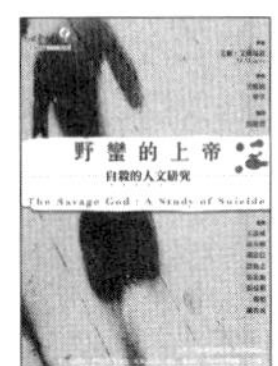

野蠻的上帝

【自殺的人文研究】

作者—艾爾．艾佛瑞茲

譯者—王慶蘋、華宇　定價—380元

自殺，是毀滅的激情，還是創造的熱情？作者從宗教、歷史、社會學、精神分析等觀點分析自殺，並從他最擅長的文學領域出發，深究自殺與文學的關係，是自殺研究中的經典之作。

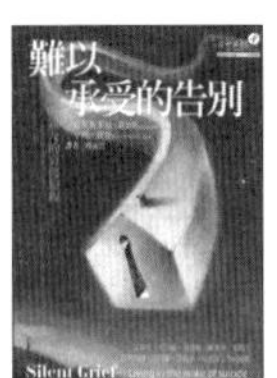

難以承受的告別

【自殺者親友的哀傷旅程】

作者—克里斯多福．路加斯、亨利．賽登

譯者—楊淑智　定價—280元

自殺的人走了，留下的親友則歷經各種煎熬：悔恨、遺憾、憤怒、自責、怨懟……漫漫長路，活著的人該如何走出這片哀傷濃霧？

染色的青春

【十個色情工作少女的故事】

編著—婦女救援基金會、纓花

定價—200元

本書呈現十位色情工作少女的眞實故事，仔細聆聽，你會發現她們未被呵護的傷痛，對愛濃烈的渴望與需求，透過她們，我們能進一步思索家庭、學校、社會的總總危機與改善之道。

心靈工坊 PsyGarden 書香家族 讀友卡

感謝您購買心靈工坊的叢書，為了加強對您的服務，請您詳填本卡，
直接投入郵筒（免貼郵票）或傳真，我們會珍視您的意見，
並提供您最新的活動訊息，共同以書會友，追求身心靈的創意與成長。

書系編號—MH 004 書名—上網不上癮：給網路族的心靈處方

姓名 是否已加入書香家族？□是 □現在加入

電話（O） （H） 手機

E-mail 生日 年 月 日

地址 □□□

服務機構（就讀學校） 職稱（系所）

您的性別—□ 1. 女 □ 2. 男 □ 3. 其他

婚姻狀況—□ 1. 未婚 □ 2. 已婚 □ 3. 離婚 □ 4. 不婚 □ 5. 同志 □ 6. 喪偶 □ 7. 分居

請問您如何得知這本書？

□ 1. 書店 □ 2. 報章雜誌 □ 3. 廣播電視 □ 4. 親友推介 □ 5. 心靈工坊書訊 □ 6. 廣告 DM □ 7. 心靈工坊網站 □ 8. 其他網路媒體 □ 9. 其他

您購買本書的方式？

□ 1. 書店 □ 2. 劃撥郵購 □ 3. 團體訂購 □ 4. 網路訂購 □ 5. 其他

您對本書的意見？

封面設計	□ 1. 須再改進	□ 2. 尚可	□ 3. 滿意	□ 4. 非常滿意
版面編排	□ 1. 須再改進	□ 2. 尚可	□ 3. 滿意	□ 4. 非常滿意
內容	□ 1. 須再改進	□ 2. 尚可	□ 3. 滿意	□ 4. 非常滿意
文筆／翻譯	□ 1. 須再改進	□ 2. 尚可	□ 3. 滿意	□ 4. 非常滿意
價格	□ 1. 須再改進	□ 2. 尚可	□ 3. 滿意	□ 4. 非常滿意

您對我們有何建議？

廣 告 回 信
台北郵局登記證
台 北 廣 字
第 1143 號
免 貼 郵 票

10684 台北市信義路四段 53 巷 8 號 2 樓

讀者服務組　收

免　貼　郵　票

（對折線）

加入心靈工坊書香家族會員
共享知識的盛宴，成長的喜悅

請寄回這張回函卡（免貼郵票），
您就成為心靈工坊的書香家族會員，您將可以——

隨時收到新書出版和活動訊息

獲得各項回饋和優惠方案